知物
TO KNOW

生活中无处不在的力效应

力学之美

—— 王长连　编著 ——

U0179297

机械工业出版社
CHINA MACHINE PRESS

　　本书通过有趣的事例介绍了生活中无处不在的力效应。它趣说了有关力学的基本定义、定理，用实例诠释了力的实际应用，集知识性、趣味性、科学性于一体，是一本深入浅出、涉及面很广的力学科普书。本书分为9章，从牛顿运动定律和常见的力说起，到生活中常见的力学问题，以及有关人体、工程、天体运行的力学问题，最后还介绍了寓言故事中的力学知识。

　　本书的一个重要特点是摒弃了复杂的数学公式和方程描述，通篇只采用了几个必要的简单公式，以辅助读者理解；它主要是通过通俗易懂的语言、简单的生活实例，阐明相对复杂的力学现象。本书虽然涉及内容广泛，但对专业知识的要求并不高，适合广大青少年和对物理学感兴趣的读者阅读。

图书在版编目（CIP）数据

力学之美：生活中无处不在的力效应／王长连编著．—北京：机械工业出版社，2022.12（2025.2重印）

ISBN 978-7-111-72510-7

Ⅰ.①力…　Ⅱ.①王…　Ⅲ.①力学-普及读物　Ⅳ.①O3-49

中国国家版本馆 CIP 数据核字（2023）第 010823 号

机械工业出版社（北京市百万庄大街22号　邮政编码100037）

策划编辑：蔡　浩　刘维茜　责任编辑：蔡　浩

责任校对：张昕妍　梁　静　责任印制：单爱军

河北鑫兆源印刷有限公司印刷

2025年2月第1版第3次印刷

148mm×210mm · 7.25印张 · 153千字

标准书号：ISBN 978-7-111-72510-7

定价：69.00元

电话服务　　　　　　　　　　网络服务

客服电话：010-88361066　　机 工 官 网：www.cmpbook.com

　　　　　010-88379833　　机 工 官 博：weibo.com/cmp1952

　　　　　010-68326294　　金 书 网：www.golden-book.com

封底无防伪标均为盗版　机工教育服务网：www.cmpedu.com

前　言

俗语云："书是人类智慧的宝库，是取之不尽用之不竭的。"人们读书就要选书，选书的标准不外乎这三条：一是书中所讲内容对自己增长知识、提高觉悟、提升工作能力有没有作用；二是书写得是否简明扼要，内容是否有趣，可供人消遣；三是自己能否看懂。下面就以这三条选书标准谈谈本书的特点。

一、书之内容

在生活中，存在着许许多多有趣的力学问题，本人身为力学老师，又喜欢涉猎这方面的资料，经过十多年的学习积累，才编写成这本《力学之美：生活中无处不在的力效应》。主要涉及的内容有：牛顿运动定律，生活中的力学问题，人体运动涉及的力学问题，工程中常见的力学问题，天体运行的力学知识，涉及力学知识的寓言等。

二、书之写法

本书所涉及的知识面较广，有物理学、力学、天文学、文学等知识。就力学而言，也涉及流体力学、空气动力学、理论力学、材料力学、断裂力学等。可能有的读者会想，就这么一本书，涉及这么多的科学文化知识，这不是一个大杂烩吗？况且，一门力学就那么难学，它涉及这么多学问，且大多数知识都没有专门在书中系统讲解过，那怎能让一般人读得懂呢？其实这是一个小小的误会。因为它不像教科书那样直接讲述这些知识、技术，而是以人类生活中有趣的事为主线，叙述了其中涉及的力学与其他相关学科的知识，叙述方法大部分采用讲述体中的浅说和趣谈，或接近于文艺体的科学小品，再加上适当的注解、图表、知识加油站、温馨提示等，读者只要具有初中以上的基础知识，就可轻松读懂大部分内容。又说回来了，若一本书没有让人感兴趣的新知识，一看全懂，那读这样的书又有什么意思呢！

三、读者对象

本书在出版前，已编成讲义在课外活动及社会中广为流传了，据调查，反映良好。例如一位读者来信说："我非常喜欢这门趣味力学。它的写作方式我很喜欢，它摆脱了课本知识的死板，融入了很多生动有趣的事例，丰富了我们的力学知识，这些知识是在其他教科书上学不到的。"

总之，这本书涉及内容广泛，写得深浅适度，有广大的读者群，不同的读者可有不同的收获。青少年能从中了解生活的丰富多彩，能体会出每件生活琐事中都有它的科学道理，从而提高对科学的兴趣，对学习物理、化学、语文都有好处；对于广大科技工作者而言，用业余时间翻翻看看，一进行消遣，二也增加一些生活常识，兴许能给自己的工作带来意想不到的裨益；对于大中专力学教师而言，除有上述裨益外，还可以获得一些深入浅出的力学教学实例，从而提高教学效果；即使是老年朋友，没事翻翻看看，多掌握点生活道理，扩大生活视野，提高生活兴趣，对健康也是有益无害的。

生物是美的，各种物件也是美的；地球是美的，整个宇宙也是美的。试问这些美跟什么有关呢？当然是多方面因素的集合，但其中最主要的因素就属力的效应了。在科学中将研究力效应的学科谓之力学，故本书名曰"力学之美"。

这本书就像一个吃百家饭长大的孩子，在编写过程中，参考了一些人的宝贵资料，其中重要资料名称在书后一一列出，在此衷心表示谢意。另外，特对丁光宏、武际可、李锋教授等作者表示衷心的感谢，若没有他们的辛苦劳动，也就没有本书的问世。

由于本书涉及的知识面较广，加上作者知识有限，可能会出现一些这样或那样不妥之处，望读者批评、指正，以便再版时修正。

推荐序

"力学真枯燥，一翻开书本，里面不是受力分析，便是计算公式，又抽象又难学，一点趣味也没有。"在学生当中，时不时可以听到这样的说法。对此，王长连教授听在耳中，记在心里，十多年前便立下心愿：一定要写一本有趣味、能引起学生学习兴趣、也适合各个不同层次的人阅读的普及力学知识的书。

王长连教授经过十几年，如蜜蜂采百花之蜜似的辛勤搜集、筛选、积累了大量的资料，经过精心"酿造"的科普书《力学之美：生活中无处不在的力效应》摆在了我们面前，笔者有幸在此书出版之前得以先睹之。阅读过程中，那"先睹为快"之感，趣味无穷之情，实是只可心领神会之，却是无法形诸笔墨而言表之。

原来力学离我们这么近，在我们的日常生活之中无处不在，而又趣味无穷！从我国的寓言故事到牛顿运动定律；从回旋镖到逆风行驶的帆船……王长连教授在力学方面造诣颇深，为向我们介绍这些林林总总的知识，信手拈来便成佳作。

由于篇幅有限，笔者不在这里对书的内容进行论说，只想告诉同学们笔者读这本书时的一些感想：善读书者，不仅能从此书中学到很多力学知识并激发学习力学的兴趣，同时更能看到王长连教授一生做人、做学问的孜孜以求、乐此不疲、锲而不舍的高贵品质和精神。

这本书的第二章根据日常生活中的摩擦现象，说明了摩擦力无处不在的道理，以人坐雪橇从斜坡上能滑多远为例，说清了摩擦力的计算问题，进而导出了摩擦力的计算公式。第三章更是妙趣横生，从在空中飞扬的种子和果实、令人捏把冷汗的伞技，到风筝何以升空、枪弹的空气阻力等现象，轻轻松松地说明了空气阻力无所不在，而且时时刻刻影响着人的生活，由此再引出帆船逆风行驶的原理。

一章一章读下来，读完全书之后，掩卷细细品味，读者会豁然开朗。万事万物都有学问，都可以作为科学研究的对象。今天的教授、学者、科学家，原是昨天的学生，并且是终身都在不懈努力学习的学生。而今天的学生，将是明天的教授、学者、科学家以至国家之栋梁！

如花似锦而又艰苦曲折的万里征途上，科学知识会为诸位洒满光辉灿烂的金色阳光！

借王教授编著的《力学之美：生活中无处不在的力效应》出版之机，写了以上一些文字，愿与读此书的读者共勉。

原四川建院教学督导室督导员
二重厂技校副校长、高级讲师
王仁勋

目　录

第一章

不要忘了牛顿

01

所谓力，就是物体间的相互作用。它不能脱离物体而单独存在，它能使物体发生位置改变和形变；它是一种定位矢量，矢量的作用效果决定力的大小、方向和作用点。牛顿是一位伟大的科学家，提出了牛顿运动定律。牛顿的万有引力定律，是建立在他对力的基本性质的研究基础之上的，也是分析和总结前人研究成果的结晶。有人说，自爱因斯坦提出相对论后，牛顿运动定律就过时了。这是误传，至今它仍然是经典力学的基本定律。本章的任务就是浅析力的性质和牛顿运动定律。

1.1　伽利略发现"自由落体定律"

如果两个物体从同一高度下落，是重的物体先落地，还是轻的物体先落地呢？也许有的人会想当然地说："一定是重的物体先落地。"其实不然。根据自由落体定律，这两个物体几乎会同时落地。

不过，古希腊哲学家亚里士多德却说："两个物体从同一高度自由下落，它们下落的速度与质量成正比。"意思是，从同一高度落下的物体，重的物体先落地。长期以来，这个结论被认为是真理，没有人敢怀疑。最先对此提出疑问的是意大利青年伽利略，他认为亚里士多德的结论有些自相矛盾。若依照亚里士多德的结论，假设有两块石头，大的石头质量为8，小的石头质量为4，则大的石头下落速度为8，小的石头下落速度为4。当两块石头被绑在一起时，下落快的石头会被下落慢的石头拖慢，所以整个体系（将绑在一起的大石头与小石头视作一个整体）的下落速度在4~8之间。但是，两块绑在一起的石头总质量为12，下落速度也应大于8。

当时，大家都认为这个年轻人胆大妄为，不知天高地厚。为了证实自己的判断，伽利略宣布，他要在比萨斜塔（图1-1）当众做一个实验。这天，风和日丽，人们早早来到斜塔下，观看伽利略的实验。伽利略双手各拿一个铁球，镇定地走上斜塔。这两个铁球大小相同，但一个是实心，一个是空心。只见伽利略同时松开双手，两个铁球在人们的惊呼声中，同时落到地上。就这样，伽利略向世界证明了自由落体定律。

图 1-1 比萨斜塔

伽利略的成功告诉我们，敢于大胆提出怀疑，是探索和发现真理的第一步。

知识加油站：比萨斜塔实验的另一种说法

日本左卷健男所著《物理真好玩》上说，比萨斜塔实验是谎言，其理由是：对该实验的文字记录，最早见于实验之后60多年由伽利略的弟子维维亚尼所著的《伽利略传》，这本书写于1654年。而查阅在此之前有关伽利略做实验的所有记录，人们却找不到在比萨斜塔所做的这次实验。如果维维亚尼描述的内容是真的，那么这个实验在当时一定会成为很大的话题。但即使在伽利略自己的著作中，也从未见过有关在比萨斜塔做实验的记录。这到底是怎么一回事呢？实际上，荷兰的西蒙·斯蒂文早在1586年就做过自由落体实验。西蒙·斯蒂文将质量不同的两个铅球从二楼抛下，证实二者是同时落地的。不过，这个实验伽利略完全不知道。所以，维维亚尼可能为了尊敬自己的老师，而将斯蒂文的功绩张冠李戴安在了伽利略的头上，并且还把故事发生的舞台戏剧性地选在了比萨斜塔。

1.2　离心力的存在证明

亚里士多德是著名的古希腊哲学家，同时也是著名的科学家。早在两千多年前亚里士多德就发现了旋转作用，他通过旋转作用想到，让盛水容器旋转就可使里面盛的水不流出来。图 1 - 2 反映的就是这种情形。之前人们常常认为这是离心力的作用，是一种使物体脱离旋转中心的力作用的结果。可事实上，这种情形的发生完全是惯性作用的结果。

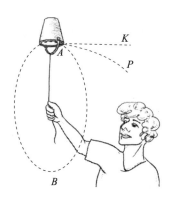

图 1 - 2　离心力的存在证明

离心力在力学上被定义为，旋转的物体对系线的拉力或压在其曲线轨道的实际存在的力。这种力是物体做直线运动时最主要的阻碍力，因此排除了水桶旋转时离心力的存在。那么水桶究竟是为什么发生旋转的呢？在弄清楚这个问题之前，我们还需要明白这样一种现象：假设我们在水桶壁上凿开一个洞，那么盛在里面的水将会向什么方向流呢？

图 1-2 显示了在没有重力的情况下，水流会因惯性沿圆周 AB 的切线 AK 涌出，可实际情况是重力必然存在，因此水流将会沿抛物线 AP 流出。当圆周速度足够大时，AP 将会在 AB 的外面。由此我们可以知道，除非旋转方向恰好与水桶开口的方向相反，否则水不会从桶内流出。

那么在旋转木桶向心加速度大于或等于重力加速度时，也就是使水流出的轨迹在水桶本身运动轨迹之外时，旋转水桶需要多大的速度才能使水不流出桶外呢。其中计算向心加速度 a 的公式为：$a = v^2/R$。

公式中的 v 为圆周速度，R 为圆形轨迹的半径。我们就很容易得出下列不等式

$$a \geqslant g$$

假设圆形轨迹的半径 R 是 70cm，则

$$v \geqslant \sqrt{0.7 \times 9.8} \text{m/s} \quad v \geqslant 2.6 \text{m/s}$$

2.6m 差不多相当于水桶周长的 2/3，也就是说只要我们每秒转水桶 2/3 圈，水桶里的水就不会流出来。

在生活中有一种离心浇铸技术就是依据这个原理实现的，即当容器水平旋转时，里面的液体会施力在容器壁上。而离心浇铸技术中的液体相对密度不均匀，会呈现出不同的层次，那些相对密度大的就远离旋转中心，相对密度小的则靠近旋转中心，从而

分离出其中的气体，使气体散落到四周的空白处，以避免形成气泡。离心浇铸技术浇铸的物体既方便耐用，又成本低廉。

1.3　浅析惯性

如果引用教科书上的定义，恐怕不会有人耐心读下去。因为不管是说"静者恒静，动者恒动"也好，还是说"一个不受任何外力的物体将保持静止或匀速直线运动"也好，大家还是不得要领，不知道这种表述要说的到底是什么。虽然我们知道什么是静止，但是在常识中，静止与惯性好像毫无关联。至于"匀速直线运动"，这一经典表述与惯性又有什么关系呢？何为保持匀速还要是直线？书上这么写，实在不好理解。

如果换一种说法，可能就很容易明白了。先不说物体，以人为例，惯性不就是不愿意改变吗？一个睡懒觉的人，你不拖他，不掀开他的被子，他是不会按时起床的。你和同学去打篮球，每场一次只能上三个人，你想让你的同学下场，好让你玩，他却还是不停地在球场上跑来跑去、抢球、运球，你只好上去将他拉下场。

没有人去拖，睡懒觉的人不会按时起床；没有人去拉，那个打球的同学不会及时下场。这就是在没有外力作用时，他们就会保持各自的状态。这就是惯性，也可以用"静者恒静，动者恒动"来表述。

若还是不明白上述意思，那就请大家接着往下看。

惯性有一个重要特征，那就是惯性的大小与物体的质量有很大关系。一个物体的质量越大，惯性就越大。质量可以说是衡量惯性大小的一个量度。

知识加油站：质量与重量的区别

物体含有物质的多少叫质量。质量不随物体形状、状态、空间位置的改变而改变，是物质的基本属性，通常用 m 表示。在国际单位制中质量的单位是千克（kg）。在中国旧时用斤、两作为质量单位，西方则用磅、盎司、克拉等作为质量单位。在物理学中质量分为惯性质量和引力质量。惯性质量表示的是物体惯性的大小，而引力质量表示引力的大小。事实上，通过无数精确的实验表明，这两个量是等效的，也就是说，它们只是同一个物理量的不同方面。

千克是质量单位，不是重量单位，我们日常所说的重量也就是质量。重量是物体受重力的大小的度量，单位是牛顿（N）。

要理解质量与惯性的关系，我们再来看前面的例子。如果睡懒觉的人质量大，你要拖他起床需要使出全身力气。同样的，那位打篮球的同学如果身材魁梧，你也要用更大的力气才能将他拉出球场。说到这里，你一定认为惯性确实是很重要的力。但是惯性却并不是自然界存在的一种力，而是物体的一种性质。物体有保持自身运动状态的特性，静止也是一种运动状态，所以说"静者恒静，动者恒动"。这就是所谓的惯性定律。

惯性定律是人发现的，首先是人在生活中感觉到了惯性，才开始研究惯性。人类在生活实践中体会到各种运动状态下人的感受，从亲身的经历中，思考人与物体运动的关系。

　　跑动的人，脚被绊一下会摔倒，为什么？因为惯性。脚被强行停下，上身还在向前，失去了平衡，就摔倒了。紧急刹车时人会向前方扑倒，也是因为惯性。因此，你现在可以想象，如果地球突然停止转动，会是什么后果。地球停止转动了，但地球表面一切运动的事物（包括大气层、建筑物、生物等），都会因为惯性而以地球转动的速度继续运动，结果当然是如飓风横扫全球。

　　所有自然现象在人的感受中被重复，就会引起人们的思考、探究，从而发现其中的道理，惯性也就这样被认识了。物理学及其他学科中的许多定律，都是人类感知的结果，是人对自然的认识。当然，其中也蕴藏着探究的极大乐趣，以及追求真理和真相的乐趣。虽然说是一种乐趣，却也充满着艰辛。在历史上，为了宣传和捍卫自然科学的真理，有人甚至为此付出了生命的代价。

　　惯性是伽利略在 1632 年出版的《关于托勒密和哥白尼两大世界体系的对话》一书中提出的，它是作为捍卫日心说的基本论点而提出来的。此后由牛顿归纳为惯性定律，该定律成为著名的牛顿第一定律。而当时为了宣传日心说，有人付出了生命的代价。

　　这个人就是布鲁诺。

1.4　再谈惯性定律

　　"力是运动发生的原因"，这是一般人都知晓的道理。"一个物体，无论是静止或在惯性作用下，还是在有其他力的作用下运动，这些都不能影响某一力对物体所起的作用。"这句话就是力的独立作用定律，是由牛顿运动定律（经典力学的基石）的牛顿第二定律推论出来的。意思说，各个力的作用效果是各作用各的，互不干扰。

如果没有学习过物理学，那么你一定会觉得这个惯性定律很奇怪，因为你的习惯思维与它恰恰相反。对于惯性定律，有这样一种普遍的错误认识：没有外来因素的影响，物体的原有状态就会一直持续。

惯性定律的内容是：任何物体在不受任何外力的时候，总保持匀速直线运动状态或静止状态，直到作用在它上面的外力迫使它改变这种状态为止。需要注意的是，惯性定律只针对静止和运动两种状态。从这个定义我们可以得出，物体受到了力的作用有这样三种表现：①开始运动；②运动加快、变慢、停止；③直线运动变成非直线运动。

物体即使运动得再快，只要是匀速，那就没有任何力为其施加作用或者作用在它上面的力相互平衡。也可以理解成，只要物体的运动状态不属于上面所说的三种表现中的任何一种，那就说明在它身上没有力的作用。可见，科学思维与普通思维还是有很大区别的。在伽利略之前的时代，科学家们并没有意识到这一点。摩擦因为能够阻碍物体运动，根据上面的说法，所以它也是力的一种。

从常识来说，物体好像是个"足不出户"的人。其实，它们具有高度活动性。在没有影响运动能力的条件下，只要施加一点点力，它们就可以永远保持运动。物体只是停留在静止状态，而不是趋向于保持静止状态。"物体对作用于它的力是抗拒的"这也是错误的说法。

那么，物体运动为什么要"克服惯性"呢？

我们知道，自由物体绝对不会抗拒使它运动的力的作用。但是总会有这样一种说法：如果一个力量使物体运动，那么这个物体就会花费一点时间来"克服它的惯性"。

试问，究竟要克服什么惯性呢？

原来，一个物体要运动起来，是需要一定时间来获得足够的速度的。不论将要获得力的物体质量有多小，也不论这个力有多大，要想让物体获得足够的速度，时间是必要条件。有一个数学公式可以解释这个道理：$Ft = mv$。F 代表力，t 代表时间，m 代表质量，v 代表速度。时间 t 是零时，等式的另一边 mv 的乘积也是零。由于物体的质量永远不可能是零，等于零的只能是速度。也就是说，如果没有时间让 F 施加它的作用，物体就不可能产生运动。物体的质量越大，需要的时间就越长。正是这个原因，才让人们产生了误会，以为静止的物体想要运动就得"克服"自身的"惯性"。

1.5　万有引力

万有引力，又称重力相互作用，是由于物体具有质量而在物体之间产生的一种相互作用。万有引力的大小与物体的质量，以及两个物体之间的距离有关，其大小与两物体间距离的平方成反比，与两物体质量的乘积成正比。任何两个物体之间都存在这种吸引作用。

万有引力的标准表述是：任意两个质点通过连心线方向上的力相互吸引，该引力的大小与它们的质量乘积成正比，与它们距离的平方成反比，与两物体的化学本质或物理状态及中介物质无关。

万有引力不只是让苹果往下掉，它还维持宇宙天体的正常运行。牛顿当年也是在思考天体运行的问题时，才找到答案的。

万有引力定律是牛顿在 1687 年出版的《自然哲学的数学原理》一书中首先提出的。牛顿利用万有引力定律不仅说明了行星运动规律，而且还指出木星、土星的卫星围绕行星也有同样的运动规律。牛顿认为月球除了受到地球的引力外，还受到太阳的引力，从而解释了月球运动中早已发现的二均差、出差等。另外，牛顿还解释了彗星的运动轨道和地球上的潮汐现象。万有引力定律出现后，科学家才正式把天体运动的研究建立在力学理论的基础上，从而创立了天体力学。

万有引力公式为

$$F = G\frac{M_1 M_2}{R^2}$$

式中，F 为万有引力；M_1 和 M_2 为两个质点的质量；G 为引力常量；R 为两个质点间的距离。

回到苹果往下掉的问题上来。可以简单地说，质量越大的东西产生的引力越大，这个力与两个物体的质量成正比，与两个物体间的距离平方成反比。地球的质量产生的引力足够把地球上所有具有一定质量的物体全部抓牢，让它们向自己身上（地面）靠过来，所以无论是苹果，还是其他重物，只要失去支撑（如树枝）或动力（如飞行中的飞机发动机），就会掉在地面上。

牛顿所完成的万有引力定律，经过科学实践的检验得到了普遍承认。著名物理学家周培源把这一检验过程归结为3点：第一，万有引力定律应能解释旧理论所能解释的一切现象；第二，万有引力定律还应能解释已经发现的但却是旧理论所不能解释的现象；第三，也是最关键的一点，万有引力定律还应能预言一些新现象，并且能为尔后的实验或观测所证实。

对于生活在地球上的人来说，由于相对于地球本身，地球上其他物体的体积很小，万有引力的相互作用表现为地球对其他物体的引力。地球对其他物体的这种作用力也叫作地心引力，其方向指向地心。

万有引力不只是维系地球上万物之间力的关系的力量，也是决定宇宙中天体之间的运行轨道的基本能力。以太阳系为例，在太阳系中，各大行星与太阳的距离和这些行星之间距离的大小，是与各天体的质量、运动速度密切相关的。其中，运动速度是克服引力碰撞和保持天体在固定轨道运行的重要指标。那些小行星因为运动速度不同和距离行星位置不同而面临飞过和撞向行星的两种命运，这时质量和速度都对其命运起决定性的作用，而速度是克服各种引力而改变物体相对位置的唯一因素。

知识加油站：力的产生及基本性质

在日常生活中，人们常看到这样一些现象：如用手推车，车由静止开始运动（图1-3a）；人坐在沙发上，沙发会发生变形（图1-3b）。那么，车为什么由静止开始运动呢？沙发为什么会发生变形呢？人们会说，这是因为人对车、沙发施加了力，力使车的运动状态发生改变，力使沙发发生了变形。那么，什么是力呢？

a)　　　　　　　　b)

图 1-3　力的实例

综合上述例子，可以概括地说，力是物体间的相互机械作用，力不能脱离物体而单独存在。何谓机械作用呢？就是指使物体位置和形状发生改变的作用。是否有物体就一定有力存在呢？非也。有物体只是力存在的条件，而不是产生力的原因，只有物体间的相互机械作用才能产生力。例如图 1-4a 所示的甲、乙两物体，二者没有接触，没有相互作用，所以它们之间不能产生力；若变成图 1-4b 所示情形，二者就要产生力了。因为甲对乙产生压力，乙对甲产生支持，二者发生相互作用，根据力的定义，也就产生了力。由于力是物体间的相互作用，所以力一定是成对出现的，不可能只存在一个力。例如，由万有引力定律知，物体受到地球的吸引才有重力；同样地球也受到物体的吸引力。

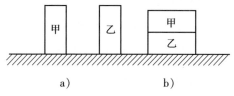

a)　　　　　　　　b)

图 1-4　产生力的条件

在力学中，力的作用方式一般有两种情况：一种是两个物体相互接触时，它们之间相互产生力，例如吊车和构件之间的拉力、打夯机与地基土之间的压力等；另一种是物体与地球之间相互产生的吸引力，对物体来说，这种吸引力就是重力。

那么，地球对物体的吸引产生的重力，与物体对地球的吸引产生的引力有什么关系呢？对于这个问题，牛顿第三定律作了圆满的回答，即这对力大小相等、方向相反、作用线共线，且作用在不同的两个物体上。在力学中，将这一规律称为作用反作用原理。这是一个普适定律，无论对于静态的相互作用，或是动态的相互作用都适用，它是本书自始至终重点应用的内容之一。

力的大小反映了物体间相互作用的强弱程度。国际通用力的计量单位是"牛顿"，简称"牛"，用英文字母 N 表示，它相当于一个中等苹果所受到的重力，在工程中显然单位太小了，一般用千牛作力的单位。所谓千牛就是 1000 个牛顿，即 1kN = 1000N。

力的作用方向是指，物体在力的作用下运动的指向，沿该指向画出的直线称为力的作用线，力的方向包含力的作用线在空间的方位和指向。

力的作用点是物体相互作用处的接触点。实际上，两物体接触位置一般不会是一个点，而是一个面积，力多是作用于物体的一定面积上。如果这个面积很小，则可将其抽象为一个点，这时作用力称为集中力；如果接触面积比较大，力在整个接触面上分布作用，这时的作用力称为分布力，通常用单位长度的力，表示沿长度方向上的分布力的强弱程度，称为荷载集度，用字母 q 表示，单位为 N/m 或 kN/m。

综上所述，力为矢量（图 1 – 5）。矢量的模表示力的大小；矢量的箭头表示力的方向；矢量的始端（图 1 – 5a）或末端（图 1 –5b）表示力的作用点。所以在确定一个未知力的时候，一定要明确它的大小、方向、作用点，这才算真正确定了这个力。在此常犯的错误是，只注意力的大小，而忽略了力的方向和作用点。

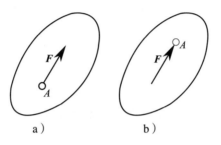

a）　　　　　　　　b）

图 1 – 5　力的表示

总之，对力的理解应注意下述几点：①力是物体间的相互作用；②力不能脱离物体而单独存在；③有力存在，就必定有施力物体和受力物体；④力是成对出现的，有作用力就必有其反作用力存在；⑤力是一个定位矢量，即矢量的作用效果决定力的大小、方向、作用点，称为力的三要素；⑥力可以合成与分解。

1.6　作用反作用原理

牛顿运动定律相信大家都不会陌生，其中尤以第三定律，作用反作用原理最让人难理解。虽然真的了解这条定律的人不多，但是日常生活中使用它的人却不胜枚举。

　　曾经，我和很多朋友聊到过这条定律，大家对它的态度都是肯定与质疑并存。

　　他们一致认为，这条定律对于静止的物体是肯定适用的，可是对于运动着的物体就不敢保证了。这条定律的精髓就是作用永远等于反作用。如果以马拉车来举例子的话，也就是指，马拉车的力是等同于车拉马的力的，那么对此我们不免会产生疑问，既然两种力是相等的，那么它们不是应该互相抵消，而使得马和车都静止不动吗？可是现实情况是车总是在不断地向前行驶。

　　针对这条定律，人们最大的疑惑就在这里。可是我们就能因此认定它是一条错误的定律吗？当然不能，只能说我们自己还没有完全理解它。虽然作用力和反作用力的大小是相等的，可是它们并没有相互抵消，而是将这两种力分别作用到了不同的物体上：一个作用到车上，另一个作用到马上。两个力大小相等，但不曾有任何定律告诉我们，同样大小的力必会产生同样的作用，从而使得物体有了相同的加速度，因为这样等同于漠视了反作用力的存在。

　　由此，我们不难明白，虽然车的受力和马的受力大小相等，可是由于车轮是在做自由位移，而马是有目标方向的，因此两种力最终都会作用于马行进的方向，而使得车朝着马拉的方向行驶。车拉马就是为了克服车的反作用力，而如果车对马的拉力不产生反作用，那么任何的力量都可以带动车行驶了。

　　而为了方便大家理解，我们可以将"作用等于反作用"的表达改为譬如"作用力等于反作用力"这样的表达方式，我想这样产生的理解障碍就会小得多。因为这里相等的只是力的大小，而非作用，作用力与反作用力总是施加在不同的物体上，如图1-6所示。

图1-6 作用力与反作用力

作用反作用原理在落体运动中同样适用。我们都知道牛顿是由苹果坠落想到的力学定律，而苹果之所以坠落是地心引力的作用，其实同样的，苹果对地球也有同样大小的引力。因此，就苹果和地球而言，两者互为落体，只是下落的速度有所不同。而物体在下落过程中，加速度起主要作用，同时加速度的大小又与物体的质量有关，毋庸置疑，地球的质量远大于苹果，因此相对的加速度也就远远小于苹果，这就致使地球向苹果方向的位移微乎其微。这就是人们只说苹果落到地上，而不说"苹果和地球彼此相向地落下"的原因。

根据上面讲的作用反作用原理，请仔细观察图1-7，你觉得作用在儿童气球上有几个作用力呢？你可能会脱口而出："气球的牵引力、绳子的牵引力和坠子受到的重力。"请别急，看完下面的讲解再来回答，一定不会是现在这个答案了。

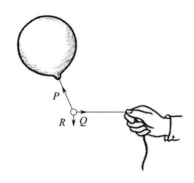

图 1-7　反作用力

不知道大家有没有留意过自己开门时的力：手臂上的肌肉收缩起来，将门向身体拉近和将你与门的距离缩短的是相同的力。这时候存在着两个作用力，一个作用在你的身体上，一个作用在门上。如果是你推开门的话，那就是你的身体和门是被力推开的。

其实，不管是什么性质的力，它们的情况都与上面所说的肌肉力量一样"成双成对"。施力的物体受一个力，还有一个是加在受力的物体上的。

"作用等于反作用"就是能概括上面那段说明的力学定律。存在于宇宙间的力没有一个是"孤单"的，当表现出力的作用时，在别的地方必定有与之方向相反且大小相等的力，它们两个的作用是在两点之间，使之相近或相离。

我们回过头来思考前文提出的问题。既然每个力都有正好与之大小相等方向相反的力，那么加在系气球的线上的力就是与力 P 相对的力，它是气球的线传导到气球的（图 1-8 中的力 P_1）；手上的力是与力 Q 相对的力（图 1-8 中的力 Q_1）；地球吸引坠子，反过来，坠子也吸引着地球，所以地球上的引力与力 R 相对（图 $1-8$ 中的力 R_1）。

还有这样一个问题：将一节绳子的两头分别加上 10N 的力并向相对方向拉扯，这时有多少张力存在于绳子上？仔细读一遍问题，再回想刚才说的"作用等于反作用"。答案出来了，是 10N。这是因为一对方向相反大小相等的力组成了这个绳子上的"10N 的张力"。说"有两个 10N 的力将绳子拉向正相反的两头"与"有 10N 的力作用在绳子上"没有区别。

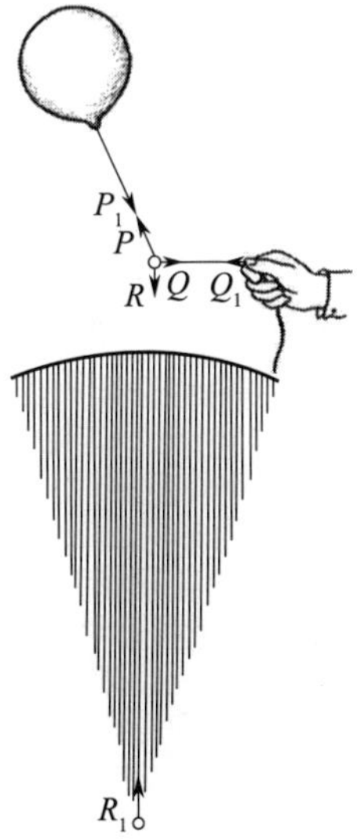

总之，力的作用与反作用是力学中的最基础概念，它贯穿力学的始终，如能深刻理解作用力与反作用力之间的下列特点，将对学好力学是很有裨益的。

图 $1-8$ 作用力与反作用力

1）作用力与反作用力大小相等、方向相反，作用在同一条直线上。

2）作用力与反作用力不能抵消，因为它们作用在不同的物体上。

3）作用力与反作用力是同时出现，同时消失的；作用力的作用类型也是相同的，如果作用力是万有引力，则反作用力也是万有引力。

小实验：为了进一步说明上述结论，请看下面作用力与反作用力的小实验。

如图 1 - 9 所示，用两匹马向相反的方向拉一具弹簧秤，这两匹马的拉力都是 1000N。请回答此时弹簧秤的指针应该指向多少?

图 1 - 9　作用力与反作用力实验

很多人都会回答：两匹马各施加 1000N 的力，那就是 1000 + 1000 = 2000N。但这个受到很多人认可的答案是错误的。根据作用反作用原理，大小相等且方向相反的力属于一对，所以拉力是 1000N，而不是 2000N。

1.7　牛顿运动定律小结

牛顿三大力学定律是本书学习的基础，上面分别进行了阐述，为了便于读者领会，小结如下。

牛顿第一定律指出：一切物体在任何情况下，在不受外力的作用时，总保持静止或匀速直线运动状态。

物体都有维持静止和做匀速直线运动的趋势，因此物体的运动状态是由它的运动速度决定的，没有外力，它的运动状态是不会改变的。物体保持原有运动状态不变的性质称为惯性。所以牛顿第一定律也称惯性定律。牛顿第一定律也阐明了力的概念，明确了力是物体间的相互作用，指出了是力改变了物体的运动状态。

牛顿第二定律指出：物体的加速度跟物体所受的合外力成正比，跟物体的质量成反比，加速度的方向跟合外力的方向相同；公式为 $F = ma$。其中 m 为质量，a 为加速度。

牛顿第二定律是力的瞬时作用规律。力和加速度同时产生、同时变化、同时消逝。力有方向和大小，因此 $F = ma$ 是一个矢量方程，应用时应规定正方向，凡与正方向相同的力或加速度均取正值，反之取负值，一般常取加速度的方向为正方向。

牛顿第三定律：两个物体之间的作用力和反作用力，在同一条直线上，大小相等，方向相反。表达式为 $F_1 = -F_2$，F_1 表示作用力，F_2 表示反作用力。

牛顿第三定律指出：要改变一个物体的运动状态，必须有其他物体和它相互作用；物体之间的相互作用是通过力体现的，并且力的作用是相互的，有作用力必有反作用力，它们作用在同一条直线上，大小相等，方向相反。这个定律也叫作用反作用原理，它指出了作用点是继力的大小和方向后的第三个力的要素。作用力与反作用力在同一条直线上，作用点就在这条直线上。

牛顿运动定律是力学中重要的定律，它是研究经典力学的基础。所谓经典力学，就是建立在普通常规速度之内的力学。牛顿运动定律是建立在绝对时空，以及与此相适应的超距作用基础上的。所谓超距作用，是指分离的物体间不需要任何介质，也不需要时间来传递它们之间的相互作用。也就是说，相互作用以无穷大的速度传递。在牛顿的时代，人们了解的相互作用，如万有引力、磁石之间的磁力及相互接触物体之间的作用力，都是沿着相互作用的物体的连线方向，而且相互作用的物体的运动速度都在低速范围内。物理学的深入发展，暴露出牛顿第三定律并不适用于一切相互作用。在电磁力得到深入研究以后，光速、时间等因素都成为电磁力的重要参数，从而出现了一些不能用经典力学解释的物理现象，这样，现代物理就登台唱起了主角，并且使科学又发展到一个新的时代——爱因斯坦时代。

02

第二章

神奇的摩擦力

当一个物体沿另一物体接触面的切线方向运动或有相对运动趋势时，在两物体的接触面之间有阻碍它们相对运动的作用力，这种力叫摩擦力。摩擦力像万有引力那样，也是一种自然力。它也是无处不在，无处不有，自然界及人类的生存是离不开它的。本章用具体事例，介绍摩擦力的概念、摩擦力的性质、摩擦力的应用及其利弊等。

2.1　何谓摩擦力?

所谓摩擦力,是指物体间相互移动或相互滚动所产生的一种阻力。事实上,只有在忽略摩擦力的情况下人们才能引出第一章力学中的基本定律。虽然如此,但摩擦力的存在是世界公认的事实。如果没有摩擦力,鞋带无法系紧,螺丝钉和钉子无法固定物体,汽车一旦开动也无法停止。总之,如果没有摩擦力,静止状态就将消失,上面讲的力的基本定律也就不复存在了。我们不得不承认,尽管摩擦力也有令人讨厌的时候,但仍然要庆幸有摩擦力的存在。

如果要给摩擦一个完整的定义,可以这样说:两个互相接触的物体,当它们要发生或已经发生相对运动时,就会在接触面上产生一种阻碍相对运动的力,这种现象叫摩擦,这种力就叫摩擦力。摩擦力因两个物体之间的接触形式不同而有所不同。基本上可以分为以下三种。

1. 滑动摩擦

一个物体在另一个物体表面上滑动时产生摩擦,此时摩擦力的方向与物体相对运动的方向相反。影响滑动摩擦力大小的因素有压力的大小和接触面的粗糙程度。在接触面的粗糙程度相同时,压力越大,摩擦力越大;在压力大小相同时,接触面越粗糙,滑动摩擦力越大。

滑动摩擦可以产生人们需要的反作用力。例如：刷子刷地板，污垢去除。

温馨提示：在此特别要指出的是，摩擦力一定是至少两个相互接触的物体之间发生移动或移动趋势时才产生的作用力，它是一个不能脱离物体而无处不在的自然力。

2. 静摩擦

滑而没动，就是静摩擦。人走路，鞋子和地面产生的是静摩擦。斜面上放了一个方块，这个方块没有滑下去，为什么呢？因为有个摩擦力与导致它下滑的力抗衡，实现了平衡，这也是静摩擦。如果这个斜面的表面很光滑，这个摩擦力就很小了，就不能与导致下滑的力抗衡了，这时候就产生了滑动摩擦。

也可用一个通俗的说法去理解静摩擦。可理解为与其他力抗衡从而使物体保持静止的力就叫静摩擦力。比方一个大箱子放在地上，你用手去推，箱子不动，就是因为有静摩擦力，你推箱子用的力量是多大，静摩擦力就是多大，直到你的力量足够大，箱子动了，静摩擦力就不存在了，就变成滑动摩擦力了。

总之，静摩擦指的是相对静止时产生的摩擦。当一个物体相对于另一个物体来说，有相对运动趋势，但还没有发生相对运动时产生的摩擦，将随推力的增大而增大，但不是无限增大，当推力增大到超过最大静摩擦力时，物体就会运动起来。从静止状态变为运动状态的过程，是克服静摩擦力的过程。在这种情况下不能用最大静滑动摩擦力公式 $F_{max} = \mu F$ 计算摩擦力，只能用平衡条件来计算。当物体从静止将要开始运动的瞬间摩擦力最大，称为最大静摩擦力。其最大静摩擦力根据公式 $F_{max} = \mu F$ 计算。其中 F 为正压力，μ 为摩擦因数，可在有关工程手册中查到。

知识加油站：库仑摩擦定律

物体之间因接触和滑动产生的阻尼力有着十分复杂的机理。在没有液体润滑情况下的滑动摩擦称为干摩擦。1781 年法国物理学家库仑（图 2-1）通过对干摩擦的物理实验总结出著名的库仑摩擦定律。可叙述为：物体之间保持静止接触的最大静摩擦力 F_{max} 与相互作用的正压力 F_N 成正比，其公式为

图 2-1　库仑

$$F_{max} = \mu_s F_N$$

其中的比例系数 μ_s 与物体接触的表面状况有关，称为静摩擦因数。库仑摩擦定律很容易被实验证实。在地板上拖动一只箱子，箱子越重摩擦力就越大，也就越难拖动。

当物体之间有相对滑动时，所产生的动摩擦力 F_d 也能用库仑定律描述为

$$F_d = \mu F_N$$

公式中的系数 μ 称为动摩擦因数。一般情况下，动摩擦因数要小些，如图 2-2a 所示。$\mu < \mu_s$ 也容易理解，箱子一旦被拖动，用的力就比拖动前要小些。对于动摩擦情形，如果以滑动速度为横坐标，动摩擦力 F_d 为纵坐标，可做出 F_d 的函数，如图 2-2b 所示。

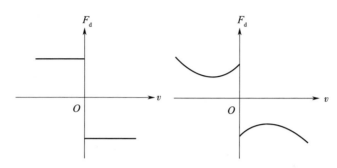

a）库仑动摩擦力的变化规律　　　　b）更准确的动摩擦变化规律

图2-2　库仑动摩擦力的变化规律图

验证摩擦力计算公式 $F = \mu F_N$ 的例子。F_N 为正压力，与摩擦力大小成正比，如用实例证明，生活中的实例就有很多了。比如手握棍子或者提着拖把，手对棍子或拖把施加的握力越大，棍子或拖把越难从手中抽出，表明握力增大，手与棍子或拖把间的摩擦力也增大。

3. 滚动摩擦

当一个物体在另一个物体表面上滚动时所产生的摩擦，称为滚动摩擦。一般情况下，滚动摩擦所产生的摩擦力比滑动摩擦力小得多。轴承就是利用滚动摩擦力小于滑动摩擦力的原理而发明的。现在在所有机械轮轴转动系统中都要用到轴承，大到水轮发电机巨型轴承，小到微型电动机中的迷你轴承，这些都是为了获得高转速和减少摩擦力而普遍采用的措施。

可以说，滚动摩擦在生活中到处都是，比如用滚木运重物；圆珠笔在纸上写字，圆珠笔尖和纸产生的是滚动摩擦力，因为圆珠笔笔尖上是小圆珠；自行车轮运动也是滚动摩擦，但自行车轮和地面产生的摩擦却是静摩擦。

2.2　影响摩擦力的主要因素是什么？

一般说来，影响摩擦力的因素很多，简单来说，主要有下列两条：

① 摩擦力的大小与接触面间的压力大小有关。接触面粗糙程度一定时，压力越大摩擦力越大。生活中我们都有这样的常识，当拖动物体时，物体越重越难以拖动。

② 摩擦力的大小与接触面的粗糙程度有关。压力一定时，接触面越粗糙，摩擦力越大。生活中我们也有这样的常识，当自行车车胎气不足的时候，骑起来更费力一些。

拔河比赛比的是什么？很多人会说：当然是比哪一队的力气大喽！实际上，这个问题并不那么简单。对拔河的两队进行受力分析就可以知道，只要所受的拉力小于与地面的最大静摩擦力，就不会被拉动。因此，增大与地面的摩擦力就成了胜负的关键。首先，穿上鞋底有凹凸花纹的鞋子，能够增大摩擦系数，使摩擦力增大；还有就是队员的体重越重，对地面的压力越大，摩擦力也会增大。大人和小孩拔河时，大人很容易获胜，关键就是由于大人的体重比小孩大。

另外，在拔河比赛中，胜负在很大程度上还取决于人们的技巧。比如，脚使劲蹬地，在短时间内可以对地面产生超过自己体重的压力。再如，人向后仰，借助对方的拉力来增大对地面的压力等。其目的都是尽量增大地面对鞋底的摩擦力，以夺取比赛的胜利。

最佳答案：静摩擦力是指物体受到力的作用，而由于有摩擦力的存在，物体没动，当物体受到的力小于或等于最大静摩擦力时物体不改变运动状态，比如一个人推木箱，没推动。

2.3　摩擦力与万有引力有关系吗？

我们先来看一部电影的内容介绍：护士简尼开着刚刚从修车部取来的车，去姐姐家接了孩子，准备把孩子送到妈妈家。朋友艾德自己的车送去修理，但又必须赶去开会，因此搭乘她的车一同上路。途中，一个滑板少年在车前摔倒，他的滑板坏了，身体受了轻伤，于是又多了一个搭车者。不料上到高速公路后，车子接连出现故障，油门踩下去后卡死起不来，刹车则完全不起作用，车子无法停下。失去控制的车以 80km/h、90km/h、100km/h、120km/h……的速度，像一匹脱缰的野马在公路上急奔。所有的办法都试过了，车子还是停不下来。车上的人命运如何？当然是有惊无险。

这是美国电影《极速惊魂》中的情节。但是，如果在现实中出现这种刹车失灵的事件，恐怕就没有那么幸运了。对于处在高速运动状态的汽车，想停却停不下来的后果将是极其严重的，多数是车毁人亡，惨不忍睹。

汽车没有了刹车，就是没有了将车轮从快速滚动的运动状态及时变成滑动状态的能力，从而无法利用车胎与地面的滑动摩擦使汽车停下来。

这时摩擦力是个关键。汽车就是靠摩擦力运动，而又靠摩擦力停下来的。如果没有摩擦力，任何运动既不会启动，也不会停下来。我们应该说，幸亏有摩擦力。

事实正是如此。

我们在认识了万有引力之后，会有一个疑问，既然万有引力是一个定律，也就是任何物体之间都有引力，否则就不能说是万有，也不能称为定律。但是，我们平时为什么没有看到物体之间的引力作用呢？

原因很简单，这是因为在地球上物体之间的引力太小，在一般情况下，根本就无法克服物体在运动时所受到的摩擦力。例如，两个站着的人之间距离 2m 远时，相互之间的引力还不到 9.8×10^{-8}N。现在假设这两个人是站在木地板上，这两个人的脚与地板的摩擦力等于其重力的 30%，以一个中等身材的人（体重按 60kg）计算，这个力至少要有 176N，才能使人移动。那种微小到可以忽略的引力，不能使这两个人互相自动靠近。

当然，如果没有摩擦力，即使再小的引力，也会作用于物体让其移动。仍然以两个人为例，如果没有了摩擦力，这两个人即使在不足十万分之一牛的引力的作用下，也会慢慢地相互靠近。

由此可见，摩擦力使地球上几乎所有物体之间的引力不可能发挥作用。或者说地球上任意两物体之间的引力不足以克服物体与地面所产生的摩擦力。因此，我们也就无法感知万有引力的作用。

至于摩擦力的作用，则不只是抵消了地球上的物体之间的万有引力这么简单。事实上，关于摩擦力的本质，目前并没有肯定的结论，仍在讨论之中。但是摩擦力的作用，特别是在人类生活中的作用或者说利用，则比比皆是。只不过有时要加以利用，有时则要克服而已。

摩擦力不只是在互相接触的物体之间存在，在运动物体所在的介质中也存在，即在空气和水中的运动，除了两个相互接触的物体以外，运动物体与空气和水也会产生摩擦力，这时表现为运动的阻力，多数情况下是有害的。例如，航天器离开和回到地球时，都会与空气摩擦而产生高热，导致航天器外壳温度达到2000℃以上，对航天器的安全构成极大威胁，要采取许多措施加以缓解。当然，对于跳伞运动，空气阻力就是有利的了。

温馨提示：摩擦力和万有引力都是自然力，自然界中无处不存在。若没有它们世界会成为什么样子？读者不妨想象一下，那真是一个无法生存的悲惨世界。

2.4 雪橇能滑多远？

在实际生活中，沿斜坡上滑或下滑时的摩擦问题很多，在此集中介绍。斜坡上向下滑行的物体的受力图如图2－3所示。为了便于理解，现以一个实际问题来介绍。

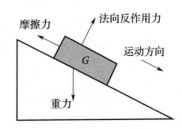

图2－3 斜坡上向下滑行的物体所受到的力

图 2-4 所示雪橇，从长 12m，斜度为 30°的雪山滑道滑下，它滑到坡底以后，沿着水平方向继续前进，那么这只雪橇停下来时会滑行多远？

由题意知，雪橇在滑道上滑动时，受到摩擦力的作用。雪橇下部的铁条与雪之间的摩擦因数是 0.02。因此，当雪橇滑到山脚下时所具有的动能全部消耗在克服摩擦做功上面时，雪橇就会停下来。

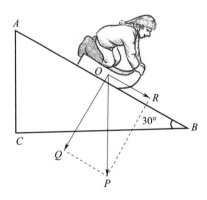

图 2-4　雪橇可以滑多远

下面我们就来计算一下雪橇滑到山脚时所具有的动能。由于 AC 所对的角为 30°，所以雪橇滑下的高度 $AC = 0.5AB$。也就是 $AC = 6m$。设雪橇的总重力为 P，那么雪橇在滑动之前所具有的重力势能为 6PJ。雪橇滑到山脚下的过程中，重力势能转化为动能和摩擦所产生的热能。对雪橇进行受力分析，把重力 P 分解成与 AB 垂直的分力 Q 和平行于 AB 的分力 R。那么，雪橇所受的摩擦就等于力 0.02Q。又因为 $Q = P\cos30°$，所以 $Q = 0.87P$。因此，雪橇滑到山脚的过程中，克服摩擦力所做的功为 $0.02 \times 0.87P \times 12 = 0.21P$J。

所以，雪橇到达山脚时所具有的动能为 $6P-0.21P=5.79P$J。

雪橇到达山脚后，由于动能的作用沿着水平方向继续前进。设停止前所走的路程为 x，那么停止前摩擦力所做的功就是 $0.02Px$J。由题意可以列出方程

$$0.02Px=5.79P$$

解方程，得 $x=290$m，也就是说，雪橇从雪山上滑下以后，还可以沿水平方向前进290m。

2.5　世上有没有想动却动不了的运动状态?

试问，世上有没有想动却动不了的运动状态? 回答是肯定的：有。

以我们熟悉的汽车为例。前面说到过，如果没有摩擦力，汽车是动也动不了的。汽车刹车时需要利用摩擦力，这个很容易理解。我们有时在街上听到汽车刹车时的刺耳声音，就是刹车系统失灵了，金属片与刹车片摩擦时发出的。我们还可以在公路的地面上常发现有汽车轮胎在刹车时与地面摩擦留下的长短不一的黑色胶轮印迹。这是汽车刹车后，车轮滚动骤然停止，轮胎因惯性以滑动形式与地面摩擦留下的轮胎印。司机和修车人员往往通过观察这种急刹车后地面上轮胎印的长度来衡量汽车的刹车系统是否合格。显然，如果刹车不灵，留在地面上的轮胎印迹就长，如果刹车系统效果好，留在地面上的轮胎印就会很短。

那么，为什么没有摩擦力汽车也无法开动呢?

我们已经注意到汽车轮胎表面有与运动鞋底一样的增加防滑功能的起伏的花纹。这些花纹不只是用来刹车时增加与地面的摩擦力，也是汽车运行中保证汽车发动机的动力通过车轮转换成前进动力的关键。

我们可以做一个实验：在结冰的路面上，将一辆汽车的车轮换成光滑没有花纹的硬塑料轮，然后发动汽车，看是否可以开动起来。答案是很明显的，这辆车无法开动。无论你如何踩油门，车轮在原地飞转，但车子就是不动。不要说换成光滑的没有花纹的车轮，就是使用平常标准车胎的汽车，下雪天陷在泥坑里开动不了的情况也经常发生。因此，下雪天行驶的汽车，给车胎装上防滑链，就是为了增加车轮与地面的摩擦力。

现在我们清楚了，滚动的车轮要与地面保持一定的摩擦力，才可以将滚动的力量转换成一部分前进的力量，没有摩擦力或者摩擦力太小，都不可能将滚动的力转换成足够的牵引力，汽车也就不会向前开动。

尽管摩擦是一种极为普遍的现象，但是人们却并没有认识到我们日常生活与摩擦力有着重要的关系，或者说没有意识到我们的实际生活是离不开摩擦力的。例如，要抓住物体，需要摩擦力，打了肥皂的手就很难抓紧物体；机械传动的皮带需要摩擦力，否则皮带会打滑；铁钉能钉牢在墙上，也要靠摩擦力等。当然，摩擦力也会给我们的日常生活带来麻烦。例如，机器开动时，滑动部件之间因摩擦而浪费动力，还会使机器的部件磨损，缩短寿命。我们这时希望地球上从来就没有摩擦力，但如果真的没有摩擦力，人们的生活又会发生什么样的变化呢？

　　首先，也是最基本的，我们无法行动，这在前面已经用陷在雪天泥地的汽车做了证明。那是一种摩擦力减小的状态，还不是没有摩擦力的状态。如果没有了摩擦力，如脚与地面没有了摩擦力，人们简直寸步难行；自行车、汽车等所有的车轮与地面间没有了摩擦力，只有打滑而没有任何移动；而已经运动着的车子却停不下来，没有阻碍它运动的力，就只能无限滑下去，最后与其他车相撞造成一起又一起的交通事故。即使是飞机（无论是活塞式发动机还是涡轮喷气发动机），也都会因为没有摩擦力而无法起飞。

　　没有了摩擦力，我们也无法拿起任何东西（我们能拿东西靠的是摩擦力），想写字却拿不起笔，笔又不能和纸产生摩擦而写出字；想吃饭却拿不住碗筷，筷子怎么也夹不住菜；想喝水又提不起杯子；想穿衣服却拿不起、穿不上；想工作劳动，但任何工具都一次次从手上滑落……如果没有了摩擦力，人类会多么无助。如果没有了摩擦力，那么以后我们就再也不能够欣赏用小提琴演奏的美妙音乐，因为弓和弦的摩擦力产生振动才发出了声音。

　　总之，假如没有摩擦力的存在，那么人们的衣、食、住、行都很难解决。可见有时看来极有害的摩擦力，却是人类生存必不可少的一种自然力。

2.6　合理利用摩擦力

　　摩擦力是运动中普遍存在的一种自然力，并且有利有弊，那么如何合理利用摩擦力就很重要了。

　　生活中，利用和克服摩擦力的例子比比皆是。

　　例如，我们穿的运动鞋的鞋底，为了防滑，就做成了凹凸不平的形状，以增加与地面的摩擦力。防滑地砖、自行车和汽车的外胎，都是采取了利用摩擦力防止打滑的措施。所有交通工具的刹车系统，都是利用摩擦力的性质来通过不断减速达到停止运动的目的。

防滑鞋底　　　　　　防滑地面砖　　　　　　车轮外胎

图 2 - 5　摩擦应用事例

　　但也有很多时候摩擦力是有害的，这时就要千方百计地减少它的影响。例如，所有轮式旋转的轮与轴之间，都安装有轴承，就是为了将车轮与轴之间的滑动摩擦转变为滚动摩擦，从而降低轴与车轮之间的摩擦力，使车跑起来更轻松。为了进一步降低摩擦力，人们还会在轴承中添加一些润滑油，使滚动摩擦力变得更小。这可以说是生活和生产中常见的现象。

图 2 - 6　滚动轴承

有害的摩擦力如果不采取一定的措施加以防范，就会带来危害。仍然以车轮的运动为例，如果车轮与轴的摩擦不加以防范，随着运动时间的延长，摩擦力会磨损轴而改变轴的尺寸，而使摩擦力进一步增加，摩擦部位也会产生高热量，严重时会使轴的承重力急剧下降而发生断裂。公路上有时发生载重汽车的轮胎爆胎或起火，多数也是因为轮胎与地面摩擦时间过长而产生高热量引起的。

不只是在日常生活中，在军事上也有利用摩擦力的例子。例如，有人提出研制一种所谓"超润滑材料"，这种材料用在摩擦磨损部位，可以大大减少摩擦的危害。如果将它用到军事上，把这种超润滑材料撒到敌方的公路上、铁路的铁轨上和飞机起飞的跑道上，使对方的战车、运兵车、火车无法运行，飞机不能起飞，军用物资无法运送，就能以这种非杀伤的方式取得战争的胜利。这不是科学幻想，这种超润滑材料无论在理论上还是在实践中都已经存在了。

例如，纳米润滑材料就属于一种超润滑材料。当普通材料加工到纳米尺寸时，材料就会具有纳米特性，具有纳米特性的材料才叫纳米材料。在润滑产品中加入一定量的纳米材料，可以制成纳米润滑材料。

温馨提示：根据上面的论述可知，要减少摩擦、增加润滑，研究出具有这种性能的新材料是一个关键问题。为此，下一节将讲述力学在新材料开发中的应用。

2.7　力学在新材料开发中的应用

1. 多层膜微细结构

集成电路已从单一层面的晶片，发展到微型摩天大楼。由于在生产和使用过程中产生热与变形，其中有残余应力会在晶片间产生屈曲泡（如图 2-7 所示），导致基底脱粘，使大规模集成电路失效，利用力学原理可以在制造过程中释放这些残余应力，使芯片的成品率大大提高。

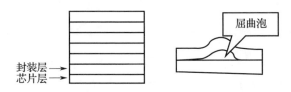

图 2-7　残余应力产生屈曲泡，导致集成电路失效

2. 复合材料

工程中经常用到复合材料，如三夹板、钢筋混凝土、纤维轮胎等，都是通过在材料承受拉应力的方向放置强抗拉材料从而大大提高材料的力学性能。

3. 新型陶瓷

陶瓷材料具有强度高（破坏应力大）、高硬度（弹性模量大）、耐高温、耐磨损和耐腐蚀等特点，是一种很有用途的材料。但是陶瓷的最大缺陷是塑性很差，断裂韧性低。因此，通过在陶瓷中加入图 2-8 所示的桥联颗粒等方法可大大提高陶瓷的韧性，使得陶瓷在机械、航天航空、汽车和建材等领域获得广泛的应用。

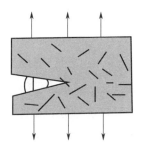

图 2-8　在陶瓷中加入桥联颗粒增加韧性

4. 智能材料

生命材料具有的重要特性是能探查损坏并将其修复。如皮肤划伤、骨折等。人们设想，如果飞机的机翼和机身的蒙皮、桥梁的钢梁和混凝土及车辆上的零件在出现裂纹后，也能自动愈合，那么历史上的许多材料事故将不会再发生。下面是智能材料在工程中的具体应用。

（1）生命建筑

1994 年 15 个国家的科学家聚在美国，提出具有下述意义的生命建筑的概念。

第一，生命建筑具有神经，能获得感觉。1992 年美国凡蒙特大学的彼得费尔把光纤直接埋在房屋、道路堤坝和桥梁的建筑材料中，作为建筑物的"神经"。光纤是光纤传感器的一部分，它能直接反映建筑物内部的状况。例如，如果建筑物中产生断裂，则光纤也断裂，光信号中断。当然，光纤神经告诉人们更多的是建筑物的变形和振动情况，例如，植埋在桥梁中的光纤不仅能感知整座大桥的应力变化，而且可以知道一辆卡车过桥时桥产生的振动和变形的情况。

第二，生命建筑具有肌肉，能迅速做出反应。传统的建筑工程用大量的钢材和混凝土来支撑结构，防止额外负载和振动带来的损伤，就像医院里用石膏来固定和支持病人的受伤肢体。美国南加州大学罗杰斯认为振动是桥梁和高架道路损坏的主要原因。在建筑中，不同材料的合成梁的连接处是整个框架结构的薄弱环节，自由振动往往容易造成这些地方"散架"。科学家们认为，只要用智能材料充当生命建筑的肌肉，靠它自动收缩与舒张，以改变自由振动出现时的振动频率，减少其振幅，从而大大延长框架结构的寿命。

第三，生命建筑具有大脑，能自动调节和控制，在生命建筑中将有许多的神经、肌肉和为它们配套的驱动源，它们在建筑中立体分布，互相之间的作用、位置和关系十分复杂，它们作为生命建筑整体的一部分必须服从自然界生命基本的哲理：协调和控制，否则将乱作一团，另外，生命建筑还要有一个自适应系统。否则，在某些局部出问题时，会使整体"神经错乱"。

科学家预言：生命建筑是人类继航天事业之后，又一项能够实现的宏大的科学系统工程。

(2) 形状记忆合金

航天天线。在室温下用形状记忆合金制成抛物面天线，然后把它揉成直径为 5cm 以下的小团，放入阿波罗 11 号宇宙飞船的舱内，在月面上经太阳光的照射加热使它恢复到原来的抛物面形状，如图 2 - 9 所示，这样就能利用有限空间的火箭舱运送体积庞大的天线了。

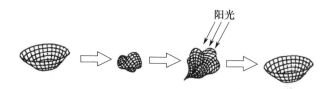

图 2 - 9 采用形状记忆合金的航天天线

医治癌症与防止血栓。日本一位专家将 TiNi 形状记忆合金置于病人的癌细胞内，并且用高频磁场加热，为癌症治疗提供了新方法，如图 2 - 10 所示。

图 2 - 10 将形状记忆合金注入癌细胞中

利用形状记忆合金还可以制成各种挡血栓网，挡住血栓在血管中的移动，在防止血栓性肺栓塞方面取得很好的疗效。

智能皮肤。如自行愈合的混凝土，将大量中空纤维埋入混凝土中，在纤维断开后，纤维中的黏合剂会流出来，将裂纹自动黏合住。

第三章
趣说空气阻力

03

　　所谓空气阻力也就是空气阻碍物体运动的力。它与摩擦力一样，也是无所不在的。空气阻力是由空气分子之间的连接导致的，它的大小与物体的形状、大小、运动形式和速度有关。可以想象一下，如果世间没有了空气阻力，虫子、鸟儿无法飞翔，飞机也上不了天，有些植物种子也无法传播，世界也就不能成为一个世界了。本章不便全面研究这些问题，只是通过生活中几则有趣的具体事例，揭示空气阻力的一些简单现象。

3.1　在空中飞扬的种子和果实

植物为了散播种子或果实，也常利用空中滑行的原理。植物的果实或种子，有的长着许多细毛，例如蒲公英、婆罗门参，它们的细毛具有降落伞的功能。有些植物则长着翅膀状的东西，例如针叶树、枫树、白桦、菩提树、芹属植物等。

马克西莫夫的名著《植物的生活》中，便有如下的一段记载：

"在没有风的晴天，总会看到许多植物的种子或果实，随着气流上升到相当的高度，直到薄暮时分，这些种子才可能飞舞落地。这类种子的飞行，能将种子散布在极广阔的区域。有趣的是，种子能跑进急斜坡或断崖的裂缝中，但用其他方法则很难办到。其次，水平的气流往往也会将飘浮在空中的种子或果实，带到极其遥远的地方。

有一部分植物本身就是种子，所以附带着降落伞一般的装置或翅膀，能使它在空中飞扬。蓟就是一个很好的例子，它的种子能平静地在空中飘扬，一旦碰到障碍物时，附着的降落伞才会迅速脱离种子。我们常在房屋的墙壁或篱笆旁看到蓟，理由即在此。当然，在碰到障碍物之前，降落伞始终附着在种子上。"图3－1就是具有滑翔装置的种子和果实。

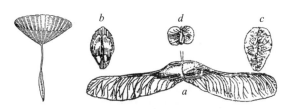

图 3 - 1　具有滑翔装置的种子和果实

　　这种植物的滑翔机，比人类所制作的滑翔机有更多的优点。它们能携带比本身重的物体，同时，也具备自动调节姿势的稳定装置。例如印度翅葫芦的种子，当上下颠倒时，则以凸出的一端为下方，自行调整回原来的状态。在飞行途中，纵使遭遇障碍物，被迫突然下降，也不会失去其稳定性，而缓缓落到地面上。

3.2　令人捏把冷汗的伞技

　　伞技中有一种项目叫作"超高度降落"。就是从高度 10000m 的飞机中跳下来，可是直到高度 200 ~ 300m 的地方，降落伞还未张开，这是一种从高空迅速降落的危险竞技。

图 3 - 2　降落伞

　　由于降落伞没有打开，跳伞者就像石头一样，从高空迅速下坠，看起来也好像在真空中落下似的。倘若人的身体在空气中下坠的情形和真空中坠落的情形相似，则超高度降落所需的时间必定比实际时间少，而且这种降落的最终速度，也必定快得令人害怕。

　　实际上，由于空气阻力的关系，坠落速度的增加会遭受阻碍。超高度降落时，跳伞者的下坠速度，只有在最初的 10s，也就是最初的几百米间会有所增加。随着降落速度的增加，空气阻力也会迅速增大。没过多久，降落速度的变化减小，就在这一刻来临时，原来的匀加速运动会改变为匀速运动。

　　就力学的立场而言，超高度降落的做法大致如下：跳伞者的加速度降落与体重无关。只有在最初的 12s 或比 12s 更短的时间内，也就是在 10s 左右的时间内，跳伞者会下降 $400 \sim 450\mathrm{m}$，而下降速度约达 $50\mathrm{m/s}$。在降落伞张开前，就维持这种速度，匀速下降。

　　雨滴降落的情形和跳伞相似，只是最初降落的加速时间较短（不到 1s）这一点不同罢了。此外，雨滴最终的下降速度也比超高度降落的最终速度小，这点虽然得视雨滴的大小而定，可是大致仍在 $2 \sim 7\mathrm{m/s}$ 之间。

3.3　风筝何以升空？

　　试问五颜六色的各种风筝是怎么往上飞的呢？如果能明白这个道理，那么我们便会知道飞机为什么会升空，枫树的种子为什么在空中飞扬，以及回旋镖（一种澳大利亚土著所用的"八"形武器）之所以会来回的原理了。虽然，空气会阻碍子弹或炮弹的运动，但对枫叶种子、风筝或载有许多乘客的飞机，反而能使之上升。

在说明风筝升空的原理之前，请读者先参考图 3 – 3。假定图中的 MN 为风筝的剖面，如果我们放开手中的风筝，扯动着线，风筝由于尾巴附着的重物，会与地面形成角度而向前进。假定倾斜的角度为 α 时，把风筝向左拉，会有何种力量产生呢？当然，空气会阻碍风筝的运动，而对风筝产生某种压力。图中的箭头 OC，就表示压力对风筝剖面 MN 的作用力。根据力的平行四边形法则，力 OC 可分解为 OP 与 OD 两个力。OD 将风筝向后推，使速度减小，OP 则把风筝往上拉。这时，OP 就是升力，它可以抵消一部分风筝受到的重力。如果 OP 十分大，而超过风筝受到的重力，就能使风筝上升。我们拉动风筝线，而能使风筝上升，理由即在此。

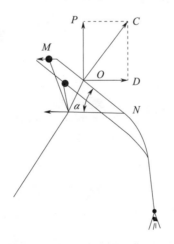

图 3 – 3　对风筝作用的各方向的力

　　飞机飞行的原理和风筝相同，不同的是，螺旋桨或喷射引擎的推力取代了拉动风筝线的力，而这种推力就是使得飞机升空的因素。当然，飞机升空所需的条件还有很多，这里只是约略提及罢了，无法作详细的说明，要想真正搞懂飞机飞起的原因，那只有看飞机原理方面的书籍了。

3.4　活生生的滑翔机

　　大家都以为飞机的构造与鸟类相似，实际上飞机的构造比较像鼯鼠或飞鱼。但是鼯鼠利用飞膜的目的并不是想上升，而是想做更大的跳跃，也就是做"空中滑行"罢了。鼯鼠这种动物，虽然具有上一节所提到的力 OP，但 OP 并未和体重平衡。换言之，OP 的力量不大，只能抵消一部分重力，而帮助鼯鼠从高处顺利跳跃（图 3 - 4）。鼯鼠能从相距 20 ~ 30m 的高树枝跳到低树枝，而且跳起来很轻松。

图 3 - 4　能滑翔 20 ~ 30m 的鼯鼠

在印度和斯里兰卡，栖息着大型鼯鼠，它们的大小如猫。当它们展开所谓的"羽翼"时，宽约50cm。因此，体重相当重的鼯鼠，也可借着飞膜滑翔到50m之外。此外，在菲律宾群岛一带，听说住着一种猴子，能滑翔70m之远。

3.5　枪弹的空气阻力

大家都知道，空气会影响子弹的飞行，但知道空气有阻力的人可能就不多了。一般人可能会觉得奇怪，空气只是一种无形无质的东西，怎么可能对高速飞行的子弹产生阻力呢？

由图3-5可知，对子弹来说，空气具有极大的阻力。图3-5中的大圆弧，即子弹在空气阻力不存在时的飞行路线。初速度为602m/s，而以45°角发射出的子弹，会画出高约10km的大圆弧，而掉落到前方约40km的位置。可是当子弹实际射出时，却会因受到空气阻力的影响而落到前面约4km的地方。图3-5中左侧的小圆弧，若与大圆弧相比，渺小得几乎看不见，这就是空气阻力所造成的。如果空气没有阻力，枪以45°的角度发射，子弹就可高达10km，而射中40km远处的敌人了。

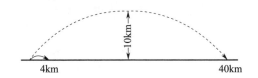

图3-5　真空中子弹的飞行路线

3.6　超远程炮击

第一次世界大战的末期，德国炮兵部队开始以 100km 或超过 100km 的炮击距离，向敌人发动炮击。确切的时间是 1918 年。当时，制空权被同盟国所掌握，因此，德军参谋本部便以长程炮击来代替对敌人的空袭，这种方法可在前线炮轰距离远在 120km 以外的法国首都巴黎。这种方法以前没人试过，德军的使用也纯属偶然。就是用大口径的大炮，以极大的仰角发射，使炮弹飞行高度达 40km。因为只有以很大的初速度与仰角发射的炮弹才可能进入阻力很小而空气稀薄的大气中。由于高空的空气阻力小，炮弹的射程加大，使其落到较远距离外的地面。由图 3－6 可知，仰角发射的射程与一般方法的射程差别极大。

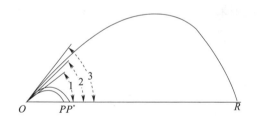

图 3－6　仰角射程距离变化图

当处于仰角 1 时，炮弹的落点为 P，仰角 2 的落点为 P''，仰角 3 则射程大幅度增加，落点为 R。因为这时炮弹在稀薄的大气层中飞行。

根据这种理论，德军为了炮轰 120km 外的巴黎，才着手研究"超远程炮击"。从 1918 年 3 月 23 日至 8 月 9 日，约有 180 发这种炮弹落入巴黎市区。

　　炮管长 36m，有外口径宽约 1m 的巨大钢铁制炮身，炮身后部的厚度则为 40cm。大炮的质量达 375t。炮弹的长度为 1m，直径为 21cm，质量则为 120kg。

　　射击时，以 52°仰角飞出去的炮弹，弹道会成一个极大的圆弧，最高点可达到离地面 40km 的平流层（同温层）。在 3 分 30 秒内，炮弹就飞完 120km 的射程，而其中有 2 分钟则是在平流层飞行。一般而言，子弹（或炮弹）的初速度越大，空气阻力也就越大。

3.7　帆船逆风行驶的道理

　　你能想象一艘船能顶着风前行吗？如果你问轮船方面的工作人员，他们会告诉你，当风和船的方向是完全相反时，船是无法行驶的；可是如果两个方向间呈锐角，约 22°时船是可以前进的。

　　那么，当帆船的前进方向与风向夹角很小时，船又是如何逆风而行的呢？要解决这个问题，我们首先要弄清楚风是如何将力量作用到船帆上的。很多人以为船在行驶过程中，帆动的方向就是风的方向，其实并非如此，船的推动力是风向与帆面垂直力的合力。

　　我们设定图 3-7 中的箭头表示的是风向，线段 AB 表示的是帆。风力是均匀作用于整个帆面的，因此我们可以将受力点定在帆的正中心，于是这个力就可以分解为与帆面垂直的力 Q 和与帆面平行的力 P。由于风与帆面间的摩擦力太小，力 P 推动不了帆前进，因此帆船的行驶就来自于力 Q。

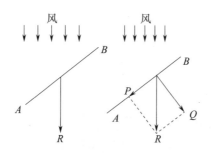

图 3 – 7　风总是垂直于帆面作用于帆

现在我们再来解释当夹角为锐角时，为何帆船仍能前进。我们假定图 3 – 8 中的线段 AB 表示帆面，线段 KK' 为船的龙骨。箭头的方向是风向。我们转动船帆，使帆面恰好处于龙骨与风向夹角的平分线上。

根据图 3 – 8 所示的原理，力 Q 来表示风对帆的作用力，这个作用力是垂直帆面向下的。那么我们将这种力可以分解为与龙骨线垂直的力 R，和沿龙骨线向前的力 S。力 R 可忽略不计，因为龙骨吃水深，与船在行驶中遇到的水的阻力可以相互抵消，因此只有力 S 推动船前进，使船呈"之"字形逆风行驶，也就是船员们常说的逆风曲折行驶（图 3 – 9）。

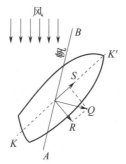

图 3 – 8　帆船也能逆风行驶

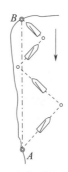

图 3 – 9　帆船逆风曲折行驶

3.8　回旋镖

回旋镖是由原始人独创的一种精巧武器，连科学家们也都一直赞叹这武器的巧妙。如果你看过回旋镖在空中所画出来的弧线（图 3 - 10）你可能会更惊讶呢！若没有击中猎物，飞镖就会沿着虚线的飞行轨迹回到手中。

图 3 - 10　投掷回旋镖的澳大利亚土著

现在，人类已能对回旋镖的飞行原理分析得很透彻，所以，人们已不再将它视为奇迹了，本书限于篇幅，因此，我只挑几个重点说明。回旋镖神奇的飞行是由下面这三大要素配合起来的：①最初的投掷，②回旋镖的旋转，③空气阻力。

澳大利亚的土著，就他们的本能把这三大要素结合起来。他们利用回旋镖的倾斜角度、投掷力量及方向的巧妙改变，能将回旋镖随心所欲地投掷到自己所期望的投掷地点。

要想运用自如，就必须有某种程度的技术。你不妨依图 3 - 11所示的方法，用明信片做个纸制回旋镖，在自己家里投投看。握柄部分长约5cm，宽约1cm。把纸制回旋镖以图3-11的方式用手拿着，而用手指来弹一端，必须稍微往上弹才可以。有时，回旋镖会划出一种奇怪的曲线在空中飞行5m，然后落到我们的脚上。记住，不可让它碰到屋内的任何东西。若利用图3-12的尺寸和形状（原尺寸）的回旋镖，实验起来将更轻松愉快。先将回旋镖的柄做成螺旋桨状。只要稍加练习，就可使回旋镖在空中划出复杂的曲线，然后飞回原处。

图3-11　用明信片做的回旋镖与投掷法

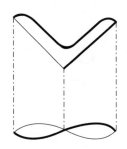

图3-12　其他形状的纸制回旋镖（原尺寸大小）

3.9　你知道空气的作用有多大吗？

通过上述实例，可能已体会到空气的阻力是很大的，那么空气的作用到底有多大呢？一般人都没有一点感性认识，下面通过一个有名的马德堡半球实验来具体体验一下吧。

17世纪中叶，曾有一场极其精彩的表演吸引了德国自民众到皇室所有成员的目光，这场表演没有一个人，而是由马来完成的。表演场上有16匹马（图3-13），被分成了两组，场中间有一个铜球，这个铜球是由两部分组合而成的，两组马分别向不同的方向去拉铜球，希望把铜球分开，一开始不论马如何使劲，铜球就是牢牢地黏合在一起，在不断尝试后，铜球终于分开成原来的两半。这究竟是什么作用的结果？市长奥托·冯·格里克轻描淡写地说："这就是空气的力量。"

图 3－13 "马德堡半球"实验

这场表演发生在 1654 年 5 月 8 日，曾轰动了全球，而这位淡定的市长更是让大家在战争的阴霾外关注到了科学。当时著名的物理学家格里克将这种半球称为"马德堡半球"，并在自己的书里记下了这个有名的"马德堡半球"实验。他的这本书内容量很大，记录了很多他亲自做的或者经历的实验，该书最初于 1672 年在阿姆斯特丹出版。

其中上面的"马德堡半球"实验就被刊印在该书第 23 章，如下。

这个实验为我们展现了空气的巨大压力，为了再次证实这种力量，我特意去定制了两个铜制半球，当时工艺技术不高，我原计划想要的半球直径是 55cm，可事实拿到手的只有它的 67% 而已，不过幸运的是，至少两个铜制半球之间完全等同。我在一个半球外做了一个阀门，这个阀门是用来将球内的空气压出，同时防止球外空气漏入的。同时，每个半球上被安有两个拉环，这两个拉环都是固定不动的，将绳子穿过拉环再连到马身上。此外我请人缝制了一个浸润了石蜡和松节油的皮圈，用来拴住两个半球，以防空气进入。当阀门将球内空气全部抽走后，两个半球就真的紧紧地黏合在了一起，短时间内是很难分开的，而分开时就会发出"砰"的一声巨响。

而如果，没能把阀门关紧，或是故意让其打开，以方便空气的进入，那么分开两个半球就变得极其简单了。当球内处于真空状态时，何以分开这样两个半球如此困难呢？空气的压力约为 $1kg/cm^2$，半球的直径是 36.85cm，因此半球黏合处的圆的面积约是 $1060cm^2$。换言之，每个半球承受的压力将超过 1t，也就是每组的 8 匹马都要付出 1t 的力才能让半球移动。虽然 1t 的质量对于 8 匹马来说不大，可是由于摩擦力的存在，马实际需要付出的力量就大得多了，其力量大约等同于拉一个净重 20t 的货车，也就像一个静止状态的火车头。

而在现实中，一匹马正常能拉动的力量是 80kg，因此要拉开这两个半球，$1000 \div 80 = 13$，也就是说，只有当每组有 13 匹马时，才能够将半球拉开。而我们人体中就有一些关节，如髋部关节，与马德堡半球一样，由于大气的压力，我们人体髋部关节上的骨骼才不会脱开，而且非常结实。

第四章

04

速度、加速度

　　宇宙中的物体都在运动。有的物体运动快，有的物体运动慢，这是不以人类意志为转移的客观规律。速度就是描写物体运动快慢和方向的物理量，本章我们主要讨论速度的大小，即物体运动快慢的问题。有人问，速度有极限吗？过去科学家回答这个极限是光速，但是现代物理学家却认为，光速也不是极限，还有超光速呢！这些都是顶尖科技，我们只需要简单了解速度与加速度的概念、相应单位，及其在日常生活、航海、航空中的应用就行了。

4.1　速度与快慢是一回事吗？

先说一个小故事。

在很久很久以前，乌龟与兔子之间发生了争论，它们都说自己跑得比对方快。于是乎，它们决定通过比赛来一决雌雄。在确定了路线后，它们就开始跑了起来。

兔子一个箭步冲到了前面，并且一路领先。它看到乌龟被远远地抛在了后面，兔子觉得自己应该先在树下休息一会儿。

于是，兔子在树下坐了下来，并且很快睡着了。乌龟慢慢地超过了兔子，并且完成了整个赛程，无可争辩地当上了冠军。后来，兔子醒了过来，发现自己输了。

"龟兔赛跑"是一个家喻户晓的寓言故事。它告诉我们不要轻视他人，同时，稳扎稳打定能获得胜利。其中有哲理，也就是中国俗话所说的"不怕慢，只怕站"。这里所说的"站"，指的是站住，也就是停下来，或者说速度为零。

图 4-1　龟兔赛跑

赛跑比什么，比的就是速度，也就是平常说的比快慢。但是快慢与速度这两个概念表面上看起来是一回事，实际上是有所不同的。就拿乌龟与兔子赛跑的故事来说，在人们的常识中，兔子的速度比乌龟快得多。也就是说兔子是快的代表，乌龟是慢的代表。但是，如果说拿速度是单位时间内所走的路程这个概念来看龟兔赛跑的故事，结果是乌龟的速度比兔子快。在这场比赛中，兔子知道乌龟绝对不是对手，在发出比赛开始的指令后，兔子让乌龟先跑，自己先睡一觉。假设比赛的距离是100m，乌龟需要1h的话，兔子至少可以睡59min，剩下1min，兔子跑百米也绰绰有余，因为兔子平时的速度约是600m/min。但是，比赛中的乌龟爬出了102m/h的速度，也就是兔子开始跑的那一刻，乌龟已经到达终点。这时兔子的速度是多少呢？因为兔子刚起步跑，比赛就结束了，它的速度只能是零，即使它跳出的一步有10m，由于它也用了59min，因此在这次比赛中它的速度大约只有10.2m/h，兔子的速度当然比平时慢了很多。也就是说，这个著名的寓言故事中的兔子比赛时跑的速度比乌龟慢得多。这种比较速度的方法，就是在相同的路程中比时间，时间花得越少跑得越快。

速度是以单位时间内所走过的路程的多少来比较快慢的。单位时间内所走路程越长，速度也就越快。只说快慢，没有速度，大家会没有一个定量的概念，提到速度，在单位相同的前提下，有了量的概念，也就马上可以知道快慢的程度了。有了速度的概念，也就可以知道进行比较的两者之间快多少或者慢多少。这使得速度在实际应用中成为生产和生活的重要的物理量，并且在比快慢时，多数情况下是在相同的时间里比路程。当时间采用单位时间时，所走的路程也就是速度了。

4.2　五花八门的速度单位

我们已经知道，速度的大小描述的是物体运动的快慢。

长期的生活和生产实践，使人们对速度有了基本的认识，对不同运动物体的速度已经有了常识性概念，如陆地上跑得最快的动物是猎豹，20s 能跑 800m 左右；海里游得最快的鱼是旗鱼，半小时可以游 54km；天空中飞得最快的鸟是褐雨燕，一般情况下 1min 能飞 3000m。

如果要问这 3 种动物哪个速度最快，即使已经给出了它们运动速度的记录，你也不能马上回答。为什么？因为它们速度的单位不一样，无法进行比较。这时只能将已经知道的速度换算成同一个单位才能比较它们的快慢。经过换算，我们可以得出猎豹的速度是 40m/s，旗鱼的速度是 30m/s，而褐雨燕的速度是 50m/s。这就很清楚了，褐雨燕是这 3 种动物中速度最快的。

事实上，我们对日常生活中的速度也是有概念的。从步行到跑步，从小型机动车到大型机动车，从火车到飞机等，人们对这些不同的物体的运动速度都有一些共识，跑比走快，车比人快，飞机比火车快等，在一般情况下不会搞错或闹出笑话来。这是因为大家明白，在说起这些不同速度的运动时，都用同一个单位来进行比较得出的结论，如 km/h。如果用的不是同一个单位，在不换算成同一个单位的情况下是没有办法直接进行比较的，否则就会闹出笑话。

现在我们来看一个用错速度单位的故事。

有一份快报刊登了一篇报道，某地一人醉酒驾车，撞倒了一对父女，父亲当场死亡，女儿被送到医院后也因伤势过重抢救无效死亡。这家快报的记者所写的《快报调查》中写道："当时有人目击车速达80码/时以上……"一位细心且积极推进使用标准化单位系统的博客作者立即指出这个速度概念是错的。他指出，车速80码/时的车走得和乌龟的速度差不多了，是绝对撞不死人的。正确的说法应该是"当时有人目击车速达80迈/时以上……"。

但是，相信许多读者仍然不明白，码和迈究竟是什么速度单位？

确实，不使用标准单位，就无法对速度的快慢有一个明确概念。例如，米每秒、米每分、千米每时，都是完全不同的单位，在进行比较时，一定要换算成相同的单位。至于为什么会出现不同的单位，这是人们在表达上追求一目了然和明确的需要，如光速，即便用秒来衡量也是极大的数字，而乌龟的速度显然不可能用秒来衡量。一个基本的原则是在数值上应该尽量是整数，在时间和距离上尽量用标准单位，如秒、分、时，以及米、千米等。

大多数情况下，人们采用标准的速度单位，但在一些传统行业或特殊领域，仍然会使用一些特殊的速度单位。前面说到的迈或码就属于这种情况。

这里所说的迈，是英制长度单位英里"mile"的音译，1 迈约等于 1.6093 千米，这样说 80 迈/时，就是说车速达到了约

129km/h。

码也是英制长度单位，1 码约等于 0.9144 米，1 迈约等于 1760 码。如果将车速 80 迈/时说成 80 码/时，那就更可笑了。人的步行速度约为 4000~5000 米/时，而 80 码/时的速度只相当于每小时行进 73 米，这比人步行的速度慢得多，只是人快速步行速度的 1/70。我们有时听到有人用"码"表示汽车车速，这其实是一种误用，最好还是用每小时多少千米来表示。

当然，现在仍然有些地方在使用"码"这个单位。大家都知道足球罚点球的距离是 12 码。这个码的用法就是对的，12 码的距离约等于公制的 11 米。

无论是码还是迈，都不是标准的速度单位，但仍然在一定范围内使用着。

传统与习惯在许多领域都表现出顽强的生命力，比如上面提到的速度领域。尽管世界上大多数国家都统一使用国际单位制，采用十进制进位系统。但是，仍然有一些领域在使用非正式标准化的单位制，或使用行业内熟悉的表述方式，如航空领域使用的马赫。

4.3　马赫、声障指的是什么单位？

我们在看军事新闻时，有时在报道中读到导弹的速度是 3~5 马赫。那么这个马赫是什么单位？某飞机的巡航速度是 1.8 马赫，这是多大速度？如果不将此速度换算成国际单位制，是难以理解的。

马赫数是速度与声速的比值，符号为 Ma，一般用于飞机、火箭等航空航天飞行器。在标准声速下，1 马赫相当于 340m/s，马赫数 1 就是 1 倍声速。

当将 1 马赫定义为 1 倍声速时，由于声音在空气中的传播速度随着不同的条件而变化，因此马赫也只是一个相对的单位，每一马赫的具体速度并不固定。在低温下声音的传播速度低些，1 马赫对应的具体速度也就低一些。因此相对来说，在高空比在低空更容易达到较高的马赫数。由于声速曾经被人们认为是飞机速度上的一个障碍，因此就有了"声障"这一名称。用马赫作为描述飞机等飞行器速度的相对单位，可以了解这些飞行器相较于声速的飞行能力。

在 1 个标准大气压和 15℃的条件下，声音在空气中的传播速度是 340m/s。我们在日常生活中多少也能感受到声音是有速度的，如在空旷大厅里的回声，雷暴天气里先看到闪电后听到雷声等，都是声音传播中的速度效应。至于为什么要将声音的速度作为一个标准来衡量飞行器的速度，这要从"声障"说起。

声障是声音在空气中传播时出现的一种物理现象。飞行器（通常是航空器）在空气中飞行时，发动机会发出强大的声波，同时机身与空气的摩擦也会产生声波，但飞行器的速度接近声速时，局部气流的速度可能会达到声速，产生局部激波，从而使气动阻力剧增，对飞行器的加速产生障碍。要进一步提高速度，就需要发动机有更大的推力。更严重的是，激波能使流经机翼和机身表面的气流变得非常紊乱，从而使飞机剧烈抖动，操纵十分困难。同时，机翼会下沉，机头往下栽。如果这时飞机正在爬升，机身会突然自动上仰。这些由于声障引起的状况，都可能导致飞机坠毁。因此，声障是飞行器需要避免的一个速度区间，即要么在亚声速飞行，要么在超声速飞行，而不要以接近声速的速度飞行。

飞行器在突破声障进入超声速后，高速振动的空气会从飞行器最前端起产生一股圆锥形的声锥，在旁观者听来这股强压力波犹如爆炸一般，故称为声爆。强烈的声爆不仅会对地面建筑物产生损害，对于飞行器本身伸出冲击面之外部分也会产生破坏。这对飞机来说是十分危险的。

除此之外，由于飞行器的速度快要接近声速时，周边的空气因声波叠合而呈现非常高压的状态，因此一旦物体穿越声障后，周围压力将会陡降。在比较潮湿的天气，有时陡降的压力所造成的瞬间低温可能会让气温低于它的露点，使得水汽凝结成微小的水珠，肉眼看来就像云雾般的状态。由于这个低压带会随着空气离机身的距离增加而恢复到常压，因此整体看来形状像是一个以物体为中心轴，向四周均匀扩散的圆锥状云团（图4-2）。

图4-2　飞机突破声障瞬间

4.4　在航海中"节"与"海里"表示什么？

不只是对空中飞行器的速度有专用方式表达，对海上船只的速度也有专用单位来描述。

这些专用的单位由于使用频率不高，人们在生活中不经常见到，因此容易被搞错。例如，某电视节目报道边防武警战士所使用的缉私艇的航速时，字幕上写的是"50节（海里）"。这种表示方法是不正确的。

如果只写"50节"是可以的，但是编者担心很多人不明白"节"的意思，就在后边用括号做一个注解，表明"节"与"海里"相关。但是，根据我国法定计量单位的规定，"节"是专用于航行速度的单位名称，也是沿用的国际航海界惯用的单位，1节=1海里/时。因此，字幕应写为"50节（50海里/时）"。

那"节"这个单位是怎么产生的呢？早在16世纪，海上航行技术已相当发达，但当时没有计程仪，因此难以确切判定船的航行速度。出海航行的水手们为此想出一些办法来测量船航行的速度。他们在船航行时向海面抛出拖有绳索的浮体，再根据一定时间里拉出的绳索长度来计量船速。那时流行的计时器是沙漏。为了较准确地计算船速，有时放出的绳索很长，便在绳索上打了许多等距离的结，如此整根计速绳被分成若干节，只要测出相同的单位时间里，绳索被拉曳的节数，自然也就测得了相应的航速。这样，"节"在当时就成了航行速度的计量单位。当然，刚开始只是方便自己了解航行速度，所以最初节的长短不是固定值，有的长有的短。随着航海活动的普及和比较船速的需要，最终将一节定义为一海里每小时，这就是"节"的来由。有时说到海水流速、海上风速、水中武器的速度，也常用"节"来表述。这样，"节"这个概念一直沿用至今，成为航海界通用的速度单位。

"节"的符号是英文"knot"的词头，用"kn"表示。1 节 = 1 海里/时，也就是每小时行驶 1.852 千米。航海上还有一个计量距离的惯用语，这就是英制长度单位"链"，1 链 = 1/10 海里。海里并非是所有人都熟悉的长度单位，1 海里等于多少千米，也并不是所有人都能一口回答出来的。

海里是计量海上距离的长度单位，单位符号是"n mile"。它原指地球子午线上纬度 1 分的长度，由于地球是一个赤道鼓、两极稍扁的椭球体，不同纬度处的 1′ 的长度略有差异。在赤道附近 1n mile 为 1842.94m；纬度约在 44°14′ 处，1n mile 的长度等于 1852m；两极附近 1n mile 为 1861.56m。1929 年，国际水文地理学会议通过用 1′ 平均长度 1852m 作为 1n mile 的标准长度。

我们通常最熟悉的速度单位是国际单位制导出单位，例如 m/s、km/h。因此，要学会将这些惯用单位换算成我们熟悉的单位，才可以做到心中有数并顺利进行速度比较。

我们知道，1kn = 1n mile/h = 1.852km/h = (1852/3600) m/s。因此，前面提到的缉私艇的航度为 50kn，相当于 92.6km/h，约等于 25.72m/s，这是非常快的航速。目前大多数军舰的速度只有 30kn 左右。例如，我国首艘航空母舰"辽宁号"的最大航速为 30kn，即 55.56km/h，它以 18kn 的速度可以持续航行 7000n mile，即续航里程将近 13000km。

4.5 速度的测量

在知道了速度单位在比较速度方面的重要性以后，我们通过已公布的数据和单位，就能对各种运动物体的速度进行比较了。知道了物体的速度，就能进行物体运动快慢的比较，这是很显然的。但是，大多数物体的运动不是匀速运动，因此，速度就不是一个固定的量值，而是会随速度的变化而变化。这样就难以进行速度的比较，或者只能以物体的平均速度进行比较。物体在每个特定地点的真实速度，只有依靠当时的实地测量，才能得到准确的数据。因此，就产生了速度的测量问题，即需要有一些方法，能对物体不同运动状态下的速度进行测量。

测量速度所依据的公式是 $v = \mathrm{d}r/\mathrm{d}t$。

根据速度的定义，可以用计时器和距离测量仪获取单位时间内位置的改变量，从而得出被测物体的运动速度。从精确度的角度来看，应该尽量测量足够短的时间内位置的变化量，即要满足以下几点：

①测试系统中的时间单位要尽可能小，如毫秒、微秒级别。

②单位时间内的位置测定，如果没有特别的要求，参照物一般选地面，坐标取二维坐标即可。

③如果是在空中运动的飞行器，需要选取三维坐标。

早期的测速不够准确，受限于当时的技术条件，只能用秒表和直尺等度量工具测量。现代速度测量已经有很多先进的技术手段，如采用声波（多普勒）、光波（激光）、电子技术（GPS 定位）等，都可以瞬时测得高速运动物体的速度。

在使用速度概念时，有两个问题是要注意的。

第一，参照物问题。我们平常所说的速度，都是以大地为参考系的，这样才可以进行比较。根据运动的相对性原理，对于同一个运动物体，选用不同的参考系，速度是不同的。在以相对地面运动着的物体作参照时，保持原运动状态物体的速度是变快了还是慢了呢？恐怕大多数人会认为这时的速度要比以大地为参照时慢，因为参照物也在动。但其实这不是能马上回答的问题，这也就引出另一个要注意的问题，这就是速度是有方向的。

第二，速度是矢量。如果以相对地面运动着的物体作参照，当参照物的运动方向与运动物相同时，运动物的速度将变慢，如果参照物的速度等于运动物的速度，运动物的速度为零。行驶着的车以大地为参照是运动的，但以坐在车内的人为参照，速度是零。如果参照物的运动方向与运动物相反，这时运动物的速度要加上参照物的速度。两辆各以50km/h运动的汽车相向而行时，当互相以对方车身作参照物来确定自己的车速时，速度就是100km/h。

4.6　极限速度

奥林匹克运动有一句著名的格言：更快、更高、更强——更团结。

在这种精神的鼓舞下，各种速度竞赛的速度纪录一再被刷新，特别是引人关注的百米世界纪录。

百米世界纪录是所有体育项目中最神圣的纪录之一，是人类对自身极限最原始的挑战，也是最勇敢的探索。它的每一次突破都预示着人类身体极限的又一次飞跃。

现在的百米世界纪录是牙买加运动员尤塞恩·博尔特在2009年8月16日德国柏林田径世界锦标赛100米决赛中创造的9秒58。据说已经接近当代人类奔跑的极限。

奥林匹克精神在人类的其他竞速活动中也一再上演。因为现代人越来越需要更快的速度，无论是物流还是信息流，讲求都是高速。最典型的是交通工具的速度一再被刷新，从自行车到汽车，再到火车、飞机，人类一再创造着新的速度纪录。即使飞机这样的高速交通工具也不能完全满足人们对速度的要求，现在已经有人提出了"胶囊高铁"的理念（也叫"超级高铁"），并开始设计研发。按照设计师的设想，工程人员将在地面上搭建作用类似铁路轨道的固定真空管道，在管道中安置"胶囊"座舱。由于运行空间是低真空环境，摩擦力小，列车运行速度最高可能达到6500km/h。如果这个设想变为现实，世界各大洲之间的旅行就只需 1~2 个小时 。

有人认为这简直是疯狂之举。但这远不是人类追求的速度极限。我们后面还会谈到，人类要飞离地球，飞出太阳系，就要有更高的速度。

那么，这种速度有极限吗？

过去的物理学家回答说，有，这就是光速。

但是，现代物理学家却说，光速也不是极限，还有超光速。

超光速？这可不是百米世界纪录被打破问题，而是颠覆世界的问题。可是，我们平时很少考虑光速的问题，且不说超光速了，仅光速本身就需要人类认真了解和探索。

4.7　光速是怎样测定的?

很久以来，人们普遍认为光的速度是无限大的，光的传播不需要时间。

16 世纪末，当时著名的科学家开普勒和笛卡儿都认为光的传播不需要时间，是在瞬时进行的。但是，也有人不同意这个说法。第一个站出来表示怀疑的是意大利科学家伽利略。他为了证明光的传播也需要时间，还进行了测量光速的实验。

伽利略请来两个人分别站在相距 1.5km 的两个山头上，每个人手里拿一盏煤油灯，第一个人先举起灯，当第二个人看到第一个人的灯时立即举起自己的灯，从第一个人举起灯到他看到第二个人的灯，这个时间间隔就是光传播 3km 的时间。由于光传播的速度实在是太快了，在这么短的距离内根本察觉不到先后举灯的时间差，也就是说，这两个人几乎是同时举起了灯。虽然这个实验以失败告终，但是这个实验揭开了人类对光速进行研究的序幕。

1676 年，丹麦天文学家罗默第一次提出了有效的光速测量方法。他在观测木卫一的卫星蚀时，发现在一年的不同时期，卫星蚀的周期有所不同，在地球处于太阳和木星之间时的周期与太阳处于地球和木星之间时的周期相差十四五天。他认为这种现象是由于光速造成的，他还推断出光跨越地球轨道所需要的时间是 22

分钟。1676 年 9 月，罗默预言 11 月 9 日上午 5 点 25 分 45 秒发生的木星卫星蚀将推迟 10 分钟。巴黎天文台的科学家怀着将信将疑的态度，对这次木星卫星蚀现象进行了观测，并最终证实了罗默预言的正确性。

不过，罗默的理论没有马上被法国皇家科学院接受，但是得到了著名科学家惠更斯的赞同。惠更斯根据他提出的数据和地球的半径第一次计算出了光的传播速度是 214000km/s。虽然这个数值与目前测得的最精确的数据相差甚远，但这启发了惠更斯对波动说的研究。更重要的是，这个结果的错误不在于方法的错误，只是源于罗默对光跨越地球的时间的错误推测，现代用罗默的方法经过各种校正后得出的计算结果很接近现代实验室所测定的光速精确数值。

光速的测定，成了 17 世纪以来所展开的关于光的本性的争论的重要依据。但是，由于受当时实验环境的限制，科学家只能以天文方法测定光在真空中的传播速度，还不能解决光的传播受介质影响的问题，因此关于这一问题的争论始终悬而未决。

1725—1728 年，英国天文学家布拉德雷发现了光行差，以意外的方式证实了罗默的理论。刚开始时，他无法解释这一现象，直到 1728 年，据说他在坐船时受到风向与船航向的相对关系启发，认识到光的传播速度与地球公转共同引起了光行差的现象。他用地球公转的速度与光速的比例估算出了太阳光到达地球需要 8 分 13 秒。这个数值比罗默测定的要精确一些。布拉德雷测定值证明了罗默有关光速有限性的说法。

18 世纪，科学界是沉闷的，光学的发展几乎处于停滞的状态。

继布拉德雷之后，经过一个多世纪的酝酿，到了 19 世纪中期，才出现了新的科学家用新的方法来测定光速。

4.8　超光速

在相对论里，爱因斯坦提出了光速是速度极限的猜想，但是，这一猜想在实践和理论上都有待于探讨。根据质量与能量的变化，粒子的质量转化为能量，能量越大，速度就越高。假如粒子的全部质量彻底转化为能量，那么粒子的能量就达到极限，粒子的速度也达到极限。假如光子没有静质量，反映出光子的全部质量已彻底变为能量，也就是说光子的能量已达到极限，那么光子的速度也就是极限。这就是光速极限的道理。计算表明，光速约为 $3 \times 10^8 \mathrm{m/s}$，即 1 秒钟光几乎可以绕地球赤道 7 周半。

因此，在经典物理学和爱因斯坦的现代物理学理论中，光速是速度的极限，没有超光速。对于科幻迷，这可能是一个坏消息。如果没有超过光速的物质存在，我们几乎可以肯定，外星人来不了地球，我们也无法去宇宙其他地方寻找外星人。

当然，许多科幻小说仍然描绘超光速的存在，并且只有利用超光速飞行，故事才得以演绎下去。为了说服读者，科幻作家也常常不得不在作品中引入一些编造的物理概念，如"曲速引擎""时间隧道""超时空""亚空间"等。

这些编造的物理概念启发了物理学家，使他们也借助某些假设来讨论超光速这类极为前沿的课题。

例如，引入"快宇宙"和"慢宇宙"的概念，就可以使超光速成为可能。这与所谓的"超时空",是否有似曾相识的感觉呢?

当然,这种假设仍然是基于对微观粒子的研究,因此,不能简单地与科学幻想相提并论。

4.9 赛跑与牛顿第二定律

赛跑也就是看谁跑得快。在赛场上经常听到这样的喊叫:"快看!赶上来了!赶上来了!超过去了!"这是在无数次短跑比赛中反复出现的场景。从学校体育课的操场到世界田径锦标赛的跑道,由于最后的爆发力产生的加速度,经常有所谓的"黑马"在最后时刻抢先冲过终点,速度纪录一再被刷新。

显然,能够在最后关头冲过终点的人,一定要在极短的时间内提高自己的速度,这种在一定时间内增加速度的过程就是加速的过程。

不只是赛跑,在很多速度发生改变的运动中,都会涉及加速度的问题,如赛车,速度争夺更为紧张刺激,这也使得这项运动成为全世界吸引最多观众的比赛之一。

所有速度比赛的悬念就在加速度。如果大家都以各自均匀的速度进行比赛,结果基本上就是可以预知的,也就没有多少人会去观看这样的比赛。因为加速度不同,每次比赛都会有不同的结果,运动员会在冲刺时提速,在彼此距离相差不大的情况下,谁的加速度大,获胜机会越大。由此可见,速度比赛是与牛顿第二定律,即力和运动的定量关系有关。

在牛顿运动定律中,人们比较熟悉牛顿第一定律(惯性定律)

和牛顿第三定律（作用反作用力原理），这是因为这两个定律比较容易理解，也很容易从生活中找到例子，但是，对于牛顿第二定律，即有关加速度的定律，就不是很熟悉了。加速度是一个重要的力学概念，也有极为重要的应用价值，下节就专门介绍加速度。

4.10　什么是加速度？

加速度是速度对时间的变化率。以 v 表示速度，t 表示时间，a 表示加速度，就有

$$a = \frac{\mathrm{d}v}{\mathrm{d}t}$$

加速度是描述物体速度改变快慢的物理量，单位是 $\mathrm{m/s^2}$。加速度是矢量，它的方向是物体速度变化量的方向，与合外力的方向相同。在直线运动中，如果速度增加，加速度的方向与速度方向相同；如果速度减小，加速度的方向与速度方向相反。

在经典力学中，加速度是一个非常重要的物理量。在惯性参考系中某个参考系的加速度在该参考系中表现为惯性力。加速度也与多种效应直接或间接相关，如带电粒子的加速度产生电磁辐射等。

考察加速度时，随着物体的运动方式和方向的不同，加速度有不同的表达。通常有以下几种情况是需要注意的：

①当物体的加速度保持大小和方向不变时，物体就做匀变速运动，如自由落体运动、平抛运动等。当物体的加速度方向与初速度方向在同一直线上时，物体就做匀变速直线运动，如竖直上

抛运动。

②加速度可由速度的变化和时间来计算，但决定加速度的因素是物体所受合力 F 和物体的质量 m。

③加速度与速度无必然联系，加速度很大时，速度可以很小；速度很大时，加速度也可以很小。例如，炮弹在发射的瞬间，速度为零，加速度非常大；以高速做匀速直线运动的赛车，速度很大，但是由于是匀速行驶，速度的变化量是零，因此它的加速度为零。

④加速度为零时，物体静止或做匀速直线运动（相对于同一参考系）。任何复杂的运动都可以看作无数的匀速直线运动和匀加速运动的合成。

⑤速度因参考系（参照物）选取的不同而不同，一般取地面为参考系。

⑥当运动物体的速度方向与加速度（或合外力）方向之间的夹角小于90°且不等于0°时，速率将增大，速度的方向将改变；当运动物体的速度方向与加速度（或合外力）方向之间的夹角大于90°且小于或等于180°时，速率将减小，速度的方向将改变；当运动物体的速度方向与加速度（或合外力）方向之间的夹角等于90°时，速率将不变，但速度方向改变。

⑦力是物体产生加速度的原因，物体受到外力的作用就产生加速度，或者说力是物体速度变化的原因。

⑧加速度的大小比较只比较其绝对值。物体加速度的大小跟作用力成正比，跟物体的质量成反比，加速度的方向跟作用力的方向相同，正负号仅表示方向，不表示大小。

在现实生活中，对于所有运动的物体，由于在运动过程中经常会发生力的改变，因此，产生加速度就是经常发生的事情。汽车的加速和刹车都是加速度在起作用。加速很容易理解，加大油门就意味着增加了能量的消耗，从而产生更大的输出，车子获得加速度，车速得以提高。而刹车也产生加速度吗？是的，刹车是通过制动摩擦片控制车轮，车轮与地面摩擦使车获得与车速相反方向的加速度（负的加速度），最终将车停了下来。

4.11 不同运动中的加速度

由于运动方式有许多种，对于不同的运动方式会有不同的加速度。对于有些特定且常见的运动方式，有确定的加速度计算方法和量值，这给力学研究和计算带来了方便。

1. 向心加速度

向心加速度的计算公式

$$a = \frac{v^2}{R}$$

式中，R 为圆周运动的半径，v 为速度（特指线速度）。

①匀速圆周运动并不是真正的匀速运动，因为它的速度方向在不断地变化，所以说匀速圆周运动只是匀速率运动的一种，但是人们习惯上称其为匀速圆周运动。

②匀速圆周运动的向心加速度总是指向圆心，即不改变速度的大小，只是不断地改变着速度的方向。

③匀速圆周运动也不是匀变速运动，向心加速度的方向也在不断改变，但永远指向圆心且大小不变。

2. 重力加速度

地球表面附近的物体因受重力作用而产生的加速度叫作重力加速度，也叫自由落体加速度，用 g 表示。

重力加速度 g 的方向总是竖直向下的。在同一地区的同一高度，任何物体的重力加速度都是相同的。

重力加速度的大小随海拔高度增大而减小。当物体距地面高度远远小于地球半径时，g 的值变化不大；离地面高度较大时，重力加速度 g 的值显著减小，此时不能认为 g 为常数。

距离地面同一高度的重力加速度，也会随着纬度的升高而变大。重力是万有引力的一个分力，万有引力的另一个分力提供了物体绕地轴做圆周运动所需要的向心力。物体所处的地理位置纬度越高，圆周运动轨道半径越小，需要的向心力也越小，重力将随之增大，重力加速度也变大。地理南北两极处的圆周运动轨道半径为零，需要的向心力也为零，重力等于万有引力，此时的重力加速度也达到最大。

最早测定重力加速度的是伽利略，他利用斜面测量小球滚动的距离和时间，通过研究它们之间的关系，得出了重力加速度的值。另一个测量重力加速度的方法是利用阿脱武德机。1784 年，阿脱武德将质量同为 M 的两个重块用绳连接后，放在光滑的定滑轮上，再在其中一个重块上附加一重量小得多的重块 m。这时，重力拖动大质量物块，使其产生一微小加速度，测得 a 后，即可算出

g。后人又用各种优良的重力加速度计测定 g。

　　由于 g 随纬度变化不大，因此国际上将在纬度45°的海平面精确测得物体的重力加速度 $g = 9.80665\text{m/s}^2$，作为重力加速度的标准值。在解决地球表面附近的问题中，通常将 g 作为常数，在一般计算中可以取 $g = 9.80\text{m/s}^2$。理论分析及精确实验都表明，随纬度增大，重力加速度 g 的数值逐渐增大。例如，赤道 $g = 9.780\text{m/s}^2$，广州 $g = 9.788\text{m/s}^2$，武汉 $g = 9.794\text{m/s}^2$，上海 $g = 9.794\text{m/s}^2$，北京 $g = 9.801\text{m/s}^2$，北极地区 $g = 9.832\text{m/s}^2$。

　　月球表面的重力加速度约为 1.63m/s^2，约为地球表面重力加速度的1/6。

　　在加速度保持不变的时候，物体也有可能做曲线运动。例如，当你把一个物体沿水平方向用力抛出时，这个物体离开手以后，在空中划过一条曲线，落在了地上，如图4-3所示。

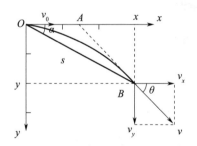

图4-3　平抛运动规律

　　物体被抛出以后，受到的只有竖直向下的重力，因此加速度的方向和大小都不改变，但是物体由于惯性还在水平方向上以出手时的速度运动。这时，物体的速度方向与加速度方向就不在同一直线上了，物体就会往力的方向偏转，划过一条往地面方向偏转的曲线。由于重力大小不变，因此加速度大小也不变，物体仍然做的是匀加速运动，不过是匀加速曲线运动。

4.12 何谓宇宙速度？

所谓宇宙速度，是从地球表面向宇宙空间发射航天器所需的最低速度。根据飞行器飞离地球后是围绕地球做惯性飞行，还是挣脱地球引力飞往其他不同距离的星球，宇宙速度是有所不同的。简单地说，飞得离地球越远，所要求的宇宙速度也就越高。

人们根据飞离地球要达到的不同目的而将宇宙速度分成4个级别，分别是第一宇宙速度、第二宇宙速度、第三宇宙速度和第四宇宙速度。

1. 第一宇宙速度（V_1）

第一宇宙速度是航天器离开大气层后沿地球表面做圆周运动时必须具备的速度，也叫环绕速度。按照力学理论可以计算出 $V_1 = 7.9$km/s。航天器在距离地球表面数百千米以上的高空运行，地面对航天器的引力比在地面时要小，故其速度也略小于 V_1。

2. 第二宇宙速度（V_2）

当航天器超过第一宇宙速度 V_1 达到一定值时，它就会脱离地球的引力场而成为围绕太阳运行的人造天体，这个速度就叫作第二宇宙速度，亦称逃逸速度。按照力学理论可以计算出第二宇宙速度 $V_2 = 11.2$km/s。由于月球还未超出地球引力的范围，故从地面发射探月航天器，其初始速度不小于 10.848km/s 即可。

3. 第三宇宙速度 (V_3)

从地球表面发射航天器，飞出太阳系，到浩瀚的银河系中漫游所需要的最小速度，叫作第三宇宙速度。按照力学理论可以计算出第三宇宙速度 $V_3 = 16.7$km/s。需要注意的是，这是选择航天器入轨速度方向与地球公转速度方向一致时计算出的 V_3 值；如果方向不一致，所需速度就要大于 16.7km/s。

4. 第四宇宙速度 (V_4)

第四宇宙速度是指在地球上发射的航天器摆脱银河系引力束缚，飞出银河系所需的最小初始速度。由于人们尚不知道银河系准确的大小与质量，因此只能粗略估算第四宇宙速度，其数值为 110~120km/s，而实际上，目前没有航天器能够达到这个速度，人类还不能发射飞出银河系的航天器。要在未来发射飞出银河系的航天器，还需人们继续努力。

这种可能性是存在的。一个似乎可行的方案是利用其他星球作为跳板，一级一级地远离太阳系，到达银河系边缘，从那里出发，就可以进入河外星系了。

4.13　火箭接力知多少?

上节讲的宇宙速度，虽然是经过理论计算出来的，但有些已经被证明是完全正确的，人们已经设计出相应的火箭来达到不同的宇宙速度，从而实现了人类飞往太空的梦想。

温馨提示：这里的关键是动力。

目前所有的发动机，都存在因为机械能转换的问题而难以达到宇宙速度所需要的动力，但是火箭可以达到。因此，火箭成为目前人类获得宇宙速度的唯一动力源，被称为运载火箭。

运载火箭的用途是把人造地球卫星、载人飞船、空间站、空间探测器等有效载荷送入预定轨道。由于所搭载的载荷不同或所要求的宇宙速度不同，运载火箭可以是单级火箭，也可以是由多级火箭组成，一般由 2~4 级组成。每一级都包括箭体结构、推进系统和飞行控制系统。末级有仪器舱，内装制导与控制系统、遥测系统和发射场安全系统。级与级之间靠级间段连接。有效载荷装在仪器舱的上面，外面套有整流罩，以防护有效载荷不受在大气层内飞行时产生的高温的影响。

为什么要采用多级火箭？原因很简单，在单级火箭的动力达不到要求时，需要用多级火箭来获得所需要的动力。这实际上是一种动力接力模式。

运载火箭是第二次世界大战后在导弹的基础上开始发展的。第一枚成功发射卫星的运载火箭是苏联用洲际导弹改装的卫星号运载火箭。到 20 世纪 80 年代，苏联、美国、法国、日本、中国、英国、印度和欧洲航天局已成功研制 20 多种具备大、中、小运载能力的火箭。最小的火箭质量仅为 10.2t，推力 125kN，只能将质量为 1.48kg 的人造卫星送入近地轨道；最大的火箭质量超过 2900t，推力 33350kN，能将 120t 左右的载荷送入近地轨道。

目前火箭所用的推进剂分为液体推进剂和固体推进剂两类。

液体推进剂燃烧性能好，点火快，但是有些液体推进剂有毒，并且有腐蚀性，因此不能在箭体内长期储存，只能在临发射时往里注入，这就导致发射准备时间长。固体推进剂装填容易，热值高，可以在箭体内长期储存，但是技术复杂，成本较高。因此，对于航天器的发射，由于有充分的准备时间，又是一次性发射，采用液体推进剂就是顺理成章的事了。我国的长征三号运载火箭采用的就是液体推进剂。

火箭发射需要专门的发射设备，特别是航天发射，要求发射场是一个完备的发射和控制中心，即航天发射中心。在中心设有各种保障设施和遥测遥控设备。各国都在适当的位置建有自己的发射中心。

发射中心的选址也有很多要求。在适合的纬度设立发射中心，可以节省燃料。例如法属圭亚那库鲁航天中心，被认为是世界最佳发射基地之一，因为与世界上其他发射中心相比，库鲁航天中心更靠近赤道，对发射静止卫星极为有利。

当然，并不是所有国家都有这么好的地理位置，只要有技术和经济实力，在很多地方都可以建立航天发射中心。世界著名的发射中心有肯尼迪航天中心，位于美国佛罗里达州东海岸的梅里特岛；俄罗斯的普列谢茨克航天发射基地，位于俄罗斯北部白海以南300公里处的阿尔汉格尔斯克地区，建于1957年。该基地主要用于发射照相侦察卫星，是世界上发射卫星最多的航天发射基地，发射次数占全世界总数一半以上。

我国的酒泉卫星发射中心也是闻名世界的发射中心，位于我国甘肃酒泉以北的戈壁滩上，主要用于测试及发射长征系列运载火箭、中低轨道的各种试验卫星、应用卫星、载人飞船等。除了酒泉卫星发射中心之外，我国还建有西昌卫星发射中心、太原卫星发射中心和文昌航天发射场（隶属于西昌卫星发射中心）。从地理位置上看，文昌航天发射场是世界上为数不多的低纬度发射场之一。

火箭从升空到进入最终设定的运行轨道，要经过以下三个飞行阶段：

1. 大气层内飞行段

火箭从发射台垂直起飞，在离开地面以后的十几秒内一直保持垂直飞行。在垂直飞行期间，火箭要进行自动方位瞄准，以保证火箭按规定的方位飞行。然后转入零攻角飞行段。火箭要在大气层内跨过声速，为减小空气动力和减轻结构重量，必须使火箭的攻角接近于零。

2. 等角速度程序飞行段

第二级火箭的飞行已经在稠密的大气层以外，整流罩在第二级火箭飞行段后期被抛掉。火箭按照最小能量的飞行程序，即以等角速度做低头飞行。达到停泊轨道高度和相应的轨道速度时，火箭即进入停泊轨道滑行。对于低轨道的航天器，火箭这时就已完成运送任务，航天器便与火箭分离。

3. 过渡轨道段

对于高轨道或行星际任务，末级火箭在进入停泊轨道以后还要再次工作，使航天器加速到过渡轨道速度或逃逸速度，然后与航天器分离。

如果发射的是返回式航天器，在返回舱系统还备有调节返回舱姿态和保证进入返回轨道的动力，即有返回使用小型火箭装置。从整个航天发射过程可见，火箭起到了关键的作用。它既是航天器获得宇宙速度的动力，又是操控航天器调整姿态的动力，也是返回式航天器能够顺利返回的重要保证。

05

第五章

生活中的力学
小问题

　　"生活中无处不存在力效应"，这不是一句虚话、大话，而是实实在在存在的事实。本章在前四章力学知识的基础上，列举了一些生活里常见的有趣小问题，就可以充分说明这一点，下面各章还要继续用各方面的实例，进一步说明这句话的真实性。

5.1　定滑轮能拉起比身体还重的行李吗？

　　假定一个人能抬起质量为 100kg 的行李。现在，有一个人要抬更重的行李，如果他利用固定于屋顶的定滑轮，而以绳子绑住行李，如图 5 – 1 所示，他能抬起多重的行李呢？

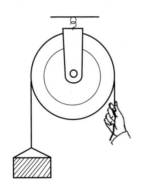

图 5 – 1　定滑轮

　　由于定滑轮的中心轴固定不动，定滑轮的功能可改变力的方向，但不能省力。当牵拉重物时，可使用定滑轮将施力方向转变为容易出力的方向。使用定滑轮时，施力牵拉的距离等于物体上升的距离，若不考虑摩擦的话，绳索两端的拉力相等，不能省力也不费力。所以，输出力等于输入力，不计摩擦时，定滑轮的机械效率接近于 1。当我们拉动挂在定滑轮上的绳子时，我们不可能拉得动超过自己体重的行李。因此，体重在 100kg 以下的人，根本就无法利用定滑轮抬起 100kg 重的行李。

5.2　乘气球

气球自由地飘浮在空中，一动也不动。气球下面挂着一个篮子，而篮子里的人，正想利用绳梯爬到气球上面。

请想一想，这时气球会往哪一个方向移动，往上还是往下呢？

可以肯定地回答，气球会稍向下移动。这是因为这个人沿着绳梯向上爬时，连带着会将绳梯和气球一起朝相反方向施力，根据作用反作用原理，所以气球会向下移动。这个就好像一个人在小船上走动的情形一样，小船会稍向人走动的相反方向，也就是稍微向后移动。

5.3　绳索会在哪里断?

如图 5 - 2 所示，在打开的门扉上，横放着一根木棒，木棒上绑着一条绳子，绳子的中央部分系了一本很重的书，而在书本下端的绳子还系着一把尺子。试问，如果你用力拉绳子，绳子会在什么地方断掉呢？

答曰，在书的上方，或者在书的下方，这要看你是怎么拉绳子的。如果你慎重而缓慢地拉，就会在书本上方断裂；倘若你快速地一拉，绳子则会在书本的下方断裂。

图 5 - 2　惯性小实验

这是为什么？倘若你缓慢地拉动，由于这条绳子的上方原本就支撑着一本书的质量，现在又加上你手上的力量。但在书本下方的绳子，承受的却只有手的力量，因此，绳子就会在书本的上方断裂（尺和绳子的质量太轻，不必估计）。

如果你拉得很快，情形就不同了。由于动作在一瞬间完成，根据惯性性质，书本还没有充裕的时间做动作，而书本上方的绳子也尚未伸展，全部手拉的力量都集中在书本下方，所以绳子才会在书本下方断裂。

5.4　有缺口的小纸片实验

如图 5 - 3 所示长约 9cm，宽约 2cm 的小纸片，在它的两个地方剪出两个缺口，再用手拿着纸片的两端，向左右拉，结果会如何呢？您可以问问您的朋友。

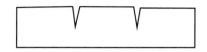

图 5 - 3 有缺口的小纸片

"会从有缺口的地方断掉。"有些朋友会这么回答。

你可再进一步追问,"可能会断成几片呢?"

一般的答案是 3 片。这时,最好让你的朋友自己动手做一做,事实胜于雄辩嘛。

你的朋友会亲眼看到,自己的判断是不正确的。因为纸片只会分裂为二。

为了进一步证明这一事实,不妨再利用各种大小的纸片,制造各种深度不同的缺口,做过无数次的实验后,你就会知道,纸片裂开后的数量,不可能在两个以上,纸片在最脆弱的地方就断裂了。

有两个缺口的纸片,不管你怎样使缺口的大小相同,但缺口的大小还是不一样,必定会有一个缺口比另一个缺口深——虽然我们的眼睛看不出来,但是因为两个缺口的深度不同,较深的缺口就成为纸片最脆弱的部分,所以在最初就会裂开。一旦裂开后,就会裂到底,因为在裂开以后,这部分就变得更加脆弱了。

5.5 杂技演员头顶缸为什么掉不下来?

多数人都看过杂技演员头顶缸的情景。缸就像粘在杂技演员头顶上一样,任凭杂技演员怎么晃动,缸就是掉不下来。这到底是怎么回事呢？

其实道理很简单，那就是二力平衡问题。所谓二力平衡是指作用在物体上的两个力要达到平衡，二力必须大小相等，方向相反，作用线相同，且作用在同一物体上。

此时缸只受到两个力的作用，一个是缸的重力 W，一个是头顶对缸的支持力 F_N。杂技演员随着缸的不断晃动，不时变换身体的位置，其目的就是始终使缸的重力 W 的作用线与头顶对缸的支持力 F_N 的作用线重合，以保持缸的相对平衡，这样缸就掉不下来了。

5.6 不倒翁为什么永远不会倒？

我们小时候肯定都玩过不倒翁（图 5-4）觉得这个摇摇晃晃，就是不会倒地不起的小人，真有意思。我们也曾经好奇过不倒翁为什么就是不会倒呢？就是不知其中的道理。现在，就让我们用自己学到的力学知识来解释幼时的迷惑吧！

图 5-4 不倒翁

大家都明白这样的一个道理，要想让一个物体平稳地立在那里，而不会被推倒，底盘一定要够大，重心也要够低。就像我们看到的"塔"，它也是最低一层的面积非常大，然后一层一层地往上递减。这样的话，即使上面摞了很多层也不用担心它会倒塌。

不倒翁的制作原理也是这样。虽然不倒翁的整个身体很轻，但是在它的底部会放一块比较重的铅块或铁块，这样就把它的重心降低了。同时，不倒翁的底部也很大，还很圆，这样一来不倒翁便不容易跌倒，还能在那儿左右摇晃呢。

当不倒翁向一边倾斜时，它的支点就会发生改变，重心和支点也就不在同一条线上了，不能平衡了。此时的不倒翁就会在重力的作用下绕着一个支点摆动，直到恢复正常的位置才会停下来。而且，不倒翁倾斜的角度越大，重心离开支点的水平距离也就越大，从而由重力产生的摆动幅度也越大，使它恢复到原来位置的力也就越显著。所以，不倒翁永远也推不倒。

5.7　平衡的铁棒

一般人看到过的情形，大多是中央用线挂起来的铁棒，但它要在水平的位置才能平衡。因此人们就急于给出了结论，认为贯穿在轴上的铁棒也只有在水平的位置上才能平衡。这根铁棒，在正中心钻的孔里穿过一根细金属丝，一定要牢固，然后让铁棒转动，让它能够围绕着水平轴线转动，如图 5 - 5 一般。但是为什么人们时常会回答说，水平位置是唯一可能维持平衡的位置，铁棒就是停在这个位置，但是如果让他们相信，如果在铁棒的重心给予一个支持的力量，铁棒可以在任何的位置平衡。

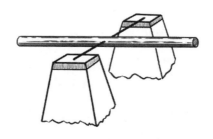

图 5 – 5　铁棒的随遇平衡

不过前面提到用线挂起来的棒和贯穿在轴上的棒，所需的条件并不相同。所谓随遇平衡的状态，要求穿了孔支持在轴上的棒严格地支持在它的重心上。而悬挂在细线上的棒（图 5 – 6），悬挂点这时并不是正好在重心点上，而是要比重心的地方高出一些。所以可以看到如此悬挂的物体在倾斜的时候，重心就会离开竖直线，如图 5 – 6 右面图所示。

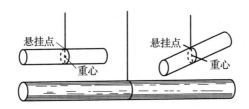

图 5 – 6　在中央用绳子吊起来的棒会保持水平位置

当静止的时候，铁棒就会停在水平位置，这个常见的情况却妨碍了很多人判断的结论，使他们觉得铁棒在倾斜位置上平衡是不可能实现的。

5.8　木棒的移动规律

图 5 – 7 表现的是一根木棒的移动情况，在两个分齐的食指间放上一根木棒，慢慢让两个手指靠拢，你会发现即使两个手指并到一起，木棒仍然能保持平衡不掉落。而即使你多次改变手指开始的位置，木棒仍然能稳固在那里。如果把木棒换成尺子、手杖等任何能放置的东西，结果都将一样。

图 5 – 7　用木棒做实验的情况

不过要想达到那个效果，有一点一定要切记，就是两个手指一定要放置在木棒的重心下面，只有这样，才能让木棒保持平衡。

当两个手指分开时，离木棒重心越近，手指感到的压力就会越大，相应的摩擦力也就会越大，移动起来就会很困难，因此只有靠那个离木棒重心远的手指来活动。而当这个最初离重心远的手指慢慢靠近时，它又会离重心更近，那么另一个手指再移动，这样周而复始的滑动，直至两个手指并在一起，而这时两个手指的合并处一定在木棒的重心下面。

我们再看图5-8，是用擦地板的刷子做的同样的实验。这次实验我们可以更精确地计算，如果我们在两个手指合拢处把刷子切成两段，那么你们认为哪一段的质量会更大一些呢？是带柄那一段，还是带刷子那一段呢？也许很多人认为一定是相同质量，因为两边平衡了，可是事实上是带刷子的那一段质量更大一些。理由很简单，当刷子在手指上保持平衡时，刷子两端重力承受的力臂是长短不等的，而若在天平上平衡，那么力臂就变成等长的了。

图5-8　用两端不一样重的擦地板的刷子做实验的情况

小问题：如图5-9杆秤中 a 的作用是什么？

杆秤是我国古代常用的称重工具。图5-9为杆秤的简化模型。

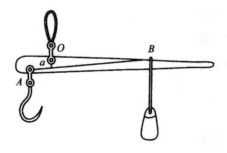

图5-9　杆秤

仔细观察杆秤可以发现，悬挂物体的秤钩支点 A 稍低于提绳的支点 O，秤砣在秤杆上沿秤杆移动，以秤杆的上缘 B 为支点。连接 A 和 B 并不通过 O 点，而是向下偏离微小距离 a。由于秤杆向端部变细，物体越重，秤砣离提绳越远，偏离距离 a 就越明显。虽然这个毫米量级的微小距离 a 不大容易被注意到，但实践证明，a 是杆秤正常工作必不可少的重要因素。试问这是为什么呢？

5.9　铅笔的奇怪行动

将一根铅笔放置在水平伸直的两手食指上，让铅笔保持水平状态的同时不断靠近两根食指（图 5 – 10）。这时出现了奇怪的现象：铅笔在这根食指上滑动一会儿后，又在另外一根食指上继续滑动。如果是一根很长的木棒就会重复这种情景。

图 5 – 10　当两根手指移近时铅笔交替地向左右两个方向移动

解答铅笔奇怪的运动需要两个定律——阿蒙顿－库仑定律和库仑摩擦定律。摩擦力与作用在摩擦面上的正压力成正比，跟外表的接触面积无关。写成数学式是：$T = fN$（T 代表摩擦力，f 表示相互摩擦物体特征的数值，N 表示物体加在支点上的压力）。铅笔给两根手指的压力不一样，受压力大些的手指会比另一根手指的摩擦力大。这就阻碍了铅笔在压力较大的手指上滑动。铅笔随着两根手指的移动，重心不断滑向摩擦力小的手指。铅笔滑动时，两根手指所受压力程度也不断变化。因为摩擦力在静止时候要比滑动时候大些，手指会继续滑动一段时间。当铅笔滑动到一定程度时，受压力较大的就换成了另一根手指，铅笔开始向原来受较大压力的手指滑动。压力在两根手指上不断变换，这种现象也就能重复下去。

5.10　木棒会停止在什么状态？

现在来做个小实验，如图5-11所示。在木棒的两端挂着质量相同的球，并且在木棒正中央处开一个小洞，然后插入一根轴。如果你让木棒以轴为中心旋转，你会看到木棒转动几次后就会停止下来了。现在要问，当木棒停止转动时，会变成哪一种状态呢？读者们能告诉我吗？

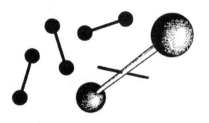

图5-11　木棒球

或许有人认为，木棒常会保持水平的状态而停止旋转。如果你有这种观念，这就大错特错了。根据二力平衡，这个木棒在重心点处有支撑。无论木棒采取哪一种状态——水平、直立或倾斜，木棒都能保持平衡。

由于重心点被支撑着，所以无论是在两端悬挂相同的物体，还是采取其他状态，它随时都能保持平衡。因此，木棒停止旋转时会处于什么状态，任何人都无法预测。

知识加油站：二力平衡公理与作用反作用原理的异同

二力平衡公理是，二力大小相等，方向相反，共线，且作用在同一物体上；作用反作用原理是，二力大小相等，方向相反，共线，且作用在不同的两个物体上。即二者的相同点是二力大小相等，方向相反，共线；不同点是作用对象不同，二力平衡的力作用在同一物体上，作用与反作用力，作用在不同的两个物体上。

5.11　比哥伦布做得更好

"哥伦布是个伟人，他不但发现美洲大陆，而且能使鸡蛋竖立"，这是一个中学生的作文。对年少的中学生而言，这两件事确实令他们惊叹。但是，美国的幽默大师马克·吐温（1835—1910）却认为，哥伦布发现新大陆一事，根本没什么值得大惊小怪的。"如果哥伦布没有发现新大陆，反倒令人惊骇"这便是马克·吐温的论调。

在我个人看来，这位伟大的航海家使鸡蛋竖立，才更不值得诧讶。哥伦布究竟是如何使鸡蛋竖立的呢？他不过是打破鸡蛋尖的一端的蛋壳，而让鸡蛋站在桌子上。换言之，他改变了鸡蛋的外形，才促成鸡蛋竖立在桌子上。如果不改变鸡蛋的外形，能不能使鸡蛋竖立呢？事实上，这位勇敢的航海家并没有解决这个问题。

美洲大陆并不是眼睛难看见的小海岛，所以我认为发现新大陆很简单。现在，我还是来说明使鸡蛋竖立的三种方法——第一种是用水煮蛋，第二种是利用生鸡蛋，第三种则采取其他方法。

要让水煮蛋竖立，只需用手指或手掌，使熟鸡蛋像陀螺一般旋转就可以了。熟鸡蛋会以直立的状态开始转动，只要熟鸡蛋保持旋转，则必定也维持着直立的状态。

至于生鸡蛋，就无法用这种方法了。由于生鸡蛋无法直立旋转，我们可以利用这种性质，不必打破蛋壳，而来识别出生鸡蛋和熟鸡蛋。因为生鸡蛋的内容物还是液体，所以非但不会助长鸡蛋迅速旋转，反而有抑制旋转的作用。倘若想使生鸡蛋直立，你就得动点脑筋了。

首先，将生鸡蛋猛烈摇动几次。这样一来，蛋黄就会散溢到蛋清部分。接着，你把鸡蛋较圆的一端向下，放在桌子上，用手轻轻扶住。由于蛋黄比蛋清重，蛋黄会移向下面，而且集中在下面，造成鸡蛋的重心降低。因此，生鸡蛋的稳定性会增加。只要你慢慢地把手放开，生鸡蛋就可以竖立了。

温馨提示：倘若不是新鲜的鸡蛋，而是陈旧的鸡蛋，这种陈旧的鸡蛋中的蛋清，就会变成稀薄的液体。碰到这种鸡蛋，不必摇动破坏蛋黄，蛋黄也会往下跑，造成重心降低，而使鸡蛋保持竖立。

其次，要说明让鸡蛋竖立的第三种方法。例如将鸡蛋放在没有瓶塞的瓶口，再准备软木塞和两支刀叉。把刀叉分别插在软木塞的两侧，然后放在鸡蛋顶端，便可造成相当高的稳定性。只要小心操作，即使瓶子稍有倾斜，也能维持相当的平衡（图5-12）。但为什么软木塞和鸡蛋都不会掉下来呢？

请看图5-13，把小刀插在铅笔上。铅笔就能在我们的指头上垂直竖立，而不会掉下来。理由和鸡蛋、软木塞不会掉落相同。"由于此种构造的重心在支点下方的关系"，老师们可能会这么解释。也就是说，某一构造的整体重力的作用点，会比支撑这构造的点（支点）更低。

图5-12　刀叉分别插在软　　　图5-13　小刀插在铅笔上
木塞的两侧放在鸡蛋顶端

5.12　奇特的破坏

舞台上的魔术师，往往是利用很简单的技巧来表演魔术，但却让观众们觉得奥妙无比。我举一个实际的例子。

有两个纸环，分别挂在细长木棒的两端。如果把纸环向上移动，木棒也会跟着上来。其中有一个纸环挂在小刀的刀口，另一个纸环则挂在容易折断的烟斗上（图 5 - 14）。准备妥当之后，魔术师拿起另一支木棒，用力打击用纸环悬吊着的那支细木棒。结果如何？细木棒会断吗？答案是肯定的，木棒断掉了，但挂在刀口和烟斗上的纸环却没断。

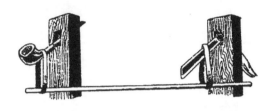

图 5 - 14　魔术表演

　　这种机关很简单，没什么奥秘可言。打击得越快，你用的时间越短。纸环和被打击的细木棒两端，就越不容易受到影响。只有直接承受打击的部分，才会受不了打击而变形断裂。因此，这把戏的诀窍是迅速打击，也就是瞬间性的打击。如果打击缓慢而无力，细木棒就不会折断，而纸环却会断掉。

　　我这样说明，并不是希望读者们去做魔术师，只是希望大家能对这种实验做有耐性的研究。

　　魔术师中的高手，也能使用两个玻璃杯来支撑一支木棒，而做出使木棒断裂的魔术——当然，玻璃杯不会破。

　　在高度低的桌子边缘或椅子的座位边缘，以较长的间隔，放上两支铅笔，铅笔的一部分露出桌外，并在露出的铅笔部分放一支细长的木棒。用另一支木棒，朝木棒的中央部分做强而迅速的打击。强而迅速的打击会造成木棒断裂，但铅笔却没受影响，连动都不动一下（图 5 - 15）。

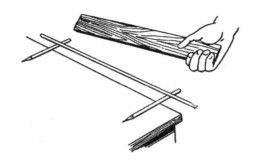

图 5 – 15 奇特的木棒断裂表演

这时，你就会了解，为什么握力强而施加压力缓慢时，胡桃果实无法被压碎。但用榔头猛击一下胡桃果实，胡桃反而会被打碎。原因是猛烈的一击，使打击力在尚未分散到果实内部的果肉前，我们有弹性的手就战胜了胡桃的抗拒，而将果实当作坚硬的物体来作用。

同样的道理，枪中射出的子弹，会在窗户的玻璃上造成一个小洞。但用手丢出去的小石子，反而会使整个玻璃都破掉。此外，还有类似这种现象的例子。你用木棒打击草木的茎，也能使茎断掉。如果你挥动木棒很缓慢，而且压住草木的茎，纵使力量再大，茎也不可能折断，顶多使茎折向另一个方向罢了。但是，倘若你用力而快速地打下去，花草的茎便会很快折断。道理和前面的实验相同，因为动作迅速，打击力才不容易分散到茎的全体，而会集中在与木棒直接接触的狭窄部分。因此，打击才会集中在一个地方，获得预期的效果。

5.13　碰撞

两个物体相撞，物理学家称之为"碰撞"，碰撞往往在一刹那间发生。如果发生碰撞的物体有弹性，在碰撞的瞬间，就会产生各种现象。物理学家则把有弹性的碰撞（弹性碰撞）分成三个时期。

第一个时期，是指碰撞的双方刚接触时，彼此会互相压缩对方。这种互相压缩会造成冲突最大的第二个时期来临。

第二个时期，由于受到压缩，内部会产生抗拒。这种抗拒将妨碍更进一步的压缩。换句话说，压缩力会与抗拒力平衡。

第三个时期，就是双方要恢复第一个时期的变形部分，而把对方推回去。也就是说，根据作用反作用原理，撞击了对方的物体，自己也会被对方推动。实际上，我们经常可以看见这种情形，当圆形的球和同质量的另一个球相撞时，会遭受对方反作用力而被推回来。因此，相撞后第一个球就会停止，但被撞击的圆球则以第一个圆球的速度，继续滚动。彼此接触而成一直线的各圆球末端的一个，承受碰撞后所产生的现象十分有趣，读者不妨详加观察。第一个球所遭受的撞击，会接连着影响到相邻的球。其实，每一个球都不想离开自己的位置，只有距离第一个被撞击的球最远的球，即最末端的球会离开原先的位置。因为当最后的一个球想把受到的撞击力转移给另一个球时，在它的旁边却已经没有任何球。由于它不受到任何反作用力，因此，只有这一个球会滚出去。

这个实验不必非使用圆球，也可以用围棋棋子或硬币来做。

　　把围棋棋子排成一列（排成长长的一列也无妨），但每一个棋子必须紧密接触。你用手指头轻轻压着最前面的棋子，而用木棒打击棋子的侧面。你将看见，排在另一端，也就是最后的一个棋子会离开行列（图 5 - 16）。但在同时，排在中间部分的棋子，却不会移动分毫。

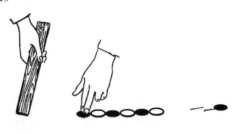

图 5 - 16　围棋棋子

5.14　香烟的实验

　　现在再来做个小实验，如图 5 - 17 所示。在火柴盒上放一根装着香烟的烟管，把香烟点燃，你会看到两端都会冒烟。从烟头这一端冒出来的烟会往上跑，而从另一端冒出来的烟则会往下跑，这是为什么呢？

图 5 - 17　两头冒烟的香烟

乍看之下，似乎很不可思议，其实道理很简单。因为点火的这端附近的空气一经加热，便产生了上升气流，于是烟头冒出来的烟里所包含的粒子就会被上升的气流卷进去，所以烟便往上跑了。相反的，从管口这一端冒出来的烟，因为管口附近的空气是冷的，再加上里面的粒子比空气重，所以，从这一端冒出来的烟自然就往下跑了。

5.15　蜡烛跷跷板

现在来做个小实验，如图 5 – 18 所示。一支两头都可点燃的蜡烛，中间穿针，支承在两只水杯上。蜡烛未点燃时，蜡烛处于水平平衡位置。点燃蜡烛之后，你会发现一种惊人的跷跷板现象。这是为什么呢？

图 5 – 18　蜡烛跷跷板

原来这是一种力偶效应。所谓力偶是指大小相等、方向相反，作用线有一定距离的两个力。它的力学效应是使作用的物体发生转动或转动趋势。当蜡烛未点燃时，蜡烛处于水平平衡位置。点燃之后，因蜡烛两端的组成、燃烧条件有所不同，使其燃烧产生差异，燃烧旺的一端变轻往上运动，燃烧不旺的一端相对变重往下运动，当运动到一定位置时，往下运动的蜡烛便于燃烧而变轻，而往上运动的另一端不便于燃烧而变重，这时形成的力偶向相反方向转动，即往下运动的蜡烛变成向上运动，往上运动的另一端变成往下运动，这样蜡烛的燃烧条件又发生变化，这种周而复始的运动，就是跷跷板的来回往复现象。

5.16 人在冰上爬行

河流或湖泊上结了一层薄冰，有一个人想横越过去，但又怕冰层太薄很危险。有经验的人就知道，千万不可在薄冰上走动，应该趴在薄冰上，匍匐前进才安全，为什么呢？

当一个人趴下时，体重固然没什么变化，但支撑体重的面积却增加了。相比之下，每平方厘米的负荷量就会减少。换言之，也就是支撑体重的地方，所承受的压强会减少。这样说明，对于必须在薄冰上匍匐前进才安全的理由，读者们必定已经明白。简单地说，就是对薄冰减少压强。有时，甚至将大木板放在薄冰上面爬行，以求安全横渡河流。

在冰破裂之前，能支撑多少质量呢？当然，能支撑多少的质量，必须看结冰的厚度。一般厚度有4cm，便可支撑住步行者的体重。如果想在结冰的湖面或河面溜冰时，冰的厚度应该是多少呢？一般而言，厚度只需 10～12cm 就可以了。

5.17　两把铁耙

重力和压强经常被混淆。其实，两者并不尽相同，有些物体固然很重，但对支撑的地方却只有一点点的压强而已。相反的，有些物体重力并不大，但对支撑的地方，却会产生极大的压强作用。

我还是举出实际的例子说明，好让读者明白重力和压强的差异。届时你就会明白，应该如何计算，才会获得物体所承受的压强大小，以及它的重要性。

假定你身在农场，使用两个构造相同的铁耙为农耕工具。一把铁耙有 20 个耙齿，另一把铁耙则有 60 个耙齿，有 20 个耙齿的铁耙所受重力 600N，有 60 个耙齿的铁耙所受重力 1200N。

哪一把铁耙对土壤能够耕得更深呢？

这个问题很简单，只要耙齿所产生的力量越大，当然耕种得也就越深。其中第一把铁耙所受重力 600N，全部的重力分散在 20 个耙齿上，所以每一个耙齿承受的重力为 30N（600 ÷ 20 = 30）。以同样的方式计算，第二把铁耙每一个耙齿所承受的重力则仅有 20N。

虽然，第二把铁耙所受重力比第一把铁耙大，但是第二把铁耙的耙齿所耕种的土壤深度却比第一把铁耙浅。因为就对每个耙齿产生的压强而言，第一把铁耙比第二把铁耙更大。

5.18 酱菜

所谓压强就是单位面积上的压力，常用单位为 N/cm^2。在日常生活中应用很广。我们再来看另一个简单的压强计算。

在两个缸中装入酱菜，上面加放圆板，而在圆板上用很重的石头压着。一个缸的圆板直径为 24cm，石头重力 100N。另一个缸的圆板直径则为 32cm，石头重力则为 160N。

读者们猜一猜，哪一个缸中酱菜所承受的压强比较大呢？

先看每平方厘米面积的压力，如果压力较大，荷重也就较大。第一个缸 100N 的荷重，分散在 $452cm^2$ 的面积上。也就是说，每平方厘米所承受的压力约有 0.22N，至于第二个缸每平方厘米的压力还不到 0.2N。显然第一个缸压强大。

5.19 为什么睡在柔软的床上觉得舒服？

同样是小木凳，但是比起粗糙的木凳来说，木制光滑的椅子要舒服得多。因为普通小木凳的面是平的，人们的身体只有很小的一部分与之接触，而木制的椅子椅面是凹形的，人坐上去的时候躯干的质量分散在较大的接触面上，由于压力分布得均匀，所以人们觉得舒服。

如果用数据来描述这个差别会更加形象，一个成年人的身体表面积大约为 $2m^2$，也就是 $20000cm^2$。当我们躺在床上时，身体与床接触的面积大约是身体总表面积的 1/4，也就是大约 $0.5m^2$。对于一个中等身材的人来说，假设他的体重为 60kg，那么每平方厘米的接触面上约有 0.12N 的压力。而当我们躺在平面的板子上，身体与平面的接触面积大约为 $500cm^2$，每平方厘米承受的压力是躺在柔软的床上的 10 倍，差别立刻就能被人体觉察。

所以其实人感觉到舒服的关键不一定是要足够柔软，而是在于均匀分配压力，让身体和接触面充分接触。一旦压力分摊到很大的面积上，就算是睡在再硬的地方也不会觉得难受。请想象一下，假如你躺在很软的泥地上，你的身体很快就陷入泥里，当你起身时地面上已经有一个和你身材完全符合的凹陷。然后将泥地变干，但是仍然保留你身体的凹陷。直到泥地变得像石头一样硬的模子时，你躺进去也会觉得十分舒服，好像躺在柔软的地上一样。

在罗蒙诺索夫的诗中有这样一段描述："仰躺在棱角尖锐的石头上，对硬邦邦的棱角浑然不觉，具有神力的大海兽觉得，身下不过是柔软的稀泥。此时的你就如同传说中的大海兽一样，舒舒服服地躺在硬邦邦的石头上。"

5.20　铅笔刀怎么不好用了？

朋友，最近去过文具商店吗？如果你对文具感兴趣，不妨抽空到文具商店看一看。哇，如今文具真是花样百出，令人目不暇接。就拿铅笔来说，铅笔作为一种传统的书写工具，至今仍然受到人们的喜爱。市场上有花样繁多的铅笔刀。在圆锥形滑道的约束下，转动铅笔杆，被刀片切削出薄厚均匀的铅笔屑，使人们轻松地获得粗细匀称、适于书写的铅笔尖，给学习、工作带来极大方便。

　　朋友，你有无用铅笔刀削铅笔时遇到这种情况，开始使用时很好用，而用过一段时间不好用了，再转动铅笔时不能有效地削下铅笔屑，感觉到似乎是刀片不快了，或是吃刀深度太小了。如果继续伸长笔芯，削铅芯效果会略微好一点，但转动的阻力加大，极易导致铅芯断裂，断口多为横截面或略有倾斜的螺旋面。这是什么缘故呢？听我慢慢地道来。

1.　首先看看铅笔刀是怎样工作的

　　图 5–19 所示为自动铅笔的结构，按动弹性推杆 1 可将笔杆 2

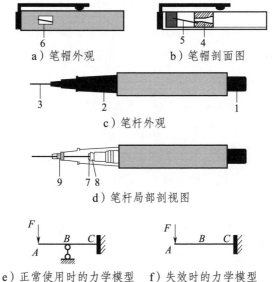

a）笔帽外观　　　　　　b）笔帽剖面图

c）笔杆外观

d）笔杆局部剖视图

e）正常使用时的力学模型　　f）失效时的力学模型

图 5–19　自动铅笔结构示意图

内的铅芯 3 向前推送，松开手后推杆回弹，铅芯通常靠自动铅笔常用的一对夹紧半环 7 和铜套 8 提供摩擦力实现位置固定。削铅笔时，须将铅芯 3 伸出 1cm 左右，插入笔帽，铅芯穿过滑道 4 并将头部露出。转动笔杆，斜置的刀片 5 就可切削铅芯，铅笔屑从窗口 6 排出。刀片的尺寸一般为长 8mm，宽 3mm，厚 0.6mm，刀刃与底边的夹角约为 30°，如图 5 - 19b 所示。

2. 分析失效原因与破坏模式

考虑到铅笔刀开始时好用，后来才逐渐失效，原因应从刀片、铅芯和夹紧铜套三个方面分析确认。

1）刀片方面。用过一段时间之后刀刃可能变钝，不那么快了。此时可能因切削笔芯的吃刀深度变小而失效。另外，需考虑刀片的受力与变形。刀片的固定方式是两头各 1.5mm 的部分分别嵌入定位槽内，可近似看作是两端简支的板梁，由于切削力的偏心，刀片受力弯扭组合变形。如果刀片的刚度小，当横向受力较大时产生的挠度会减小吃刀量，连续使用还会逐渐积累塑性变形，改变切削条件而导致失效。设法将刀片卸下来进行测试比较，会发现刀片仍很锋利，刚度也并不是很小，从而判断刀片方面的原因应属于次要因素。其实铅芯硬度很小，使用中对刀片的作用力和磨损都不是很大。

2）再考虑铅芯方面。一开始使用时，新铅芯是平头的，切削时铅芯伸出较短，与刀片的接触宽度小，切削阻力小，吃刀量大，因而好用。之后，铅芯头部已变细为锥形，刀片与铅芯的接触面变宽，切削时的阻力会随之增大。铅芯的弯曲变形也会影响切削效果。当吃刀量偏小时，需要铅芯有更大的伸出长度，这时在横向力作用下弯曲变形产生更大的挠度，将进一步减小切削的有效吃刀量。因此，当笔芯的伸出长度达到某一限度，使其在切削力下产生的弯矩超过了铅芯强度所能承受的极限弯矩时，就会导致笔芯弯曲断裂，断口为横截面。如果笔芯的弯曲变形被有效地约束住，切削时笔芯主要发生扭转变形，其破坏模式只能是扭转断裂，相应的断口为螺旋面，正如在用于普通木杆铅笔的卷笔刀上常见的那样。

3）最后再分析夹紧装置。当铅笔被使用过一段时间后，铅芯的剩余长度变小，但削铅芯时的伸出长度仍然不变。削铅笔时常常发现铅芯与刀片间的相互作用角度发生变化，感觉好像是铅芯被夹得不那么紧了。旋开笔杆检查加紧装置，发觉铅芯并不会轻易被抽动和晃动，应当没有问题。

经过进一步观察探究，突然发现原来的分析遗漏了一个重要的因素，即位于笔杆前端还有一个橡胶套9，见图5-19d。这是一个很小的零件，藏在笔杆内不容易被发现。这个橡胶套内径略小于铅芯直径，套在铅芯上起到限制铅芯横向位移的作用。铅芯的力学模型为一端固定、一端自由的悬臂梁中间又增加了一个由橡胶套组成的中间支座，这个支座有限制铅芯弯曲变形的作用，见图5-19e。橡胶套在笔杆内的运动在朝向笔尖方向受到约束，而在相反方向上则不受限制。当反复调整铅芯伸出长度时，橡胶套会随铅芯向后滑动而偏离原位。一旦偏离，橡胶套的外表面会因失去与笔杆的紧密接触而丧失对铅芯的位移约束作用。这样铅芯的力学模型就变成了一个悬臂梁，见图5-19f，在切削力作用下铅芯的弯曲变形会大幅度增加，严重改变正常的切削条件，造成切削困难。同时大幅度增加的弯矩使得铅芯易于断裂。根据失效的悬臂梁模型与原超静定模型的比较，削铅笔时扭矩不变而弯矩成倍增大，破坏模式是以弯曲为主的弯扭组合破坏，因此会出现略微偏离横截面的断口形态。

5.21　玩皮球中的学问

　　玩皮球是一个老少皆宜的体育运动，朋友你想没想到，玩皮球还有很深的学问呢！这是因为实际上那种极端的"完全弹性"或者"完全非弹性"的物体是很少见的，更多的情况是物体处于两者之间的第三种情况，即"非完全弹性"。以皮球为例（图5-20），你知道在力学上，它到底是完全弹性的，抑或是完全非弹性的呢？

图5-20　玩皮球

　　其实检验的方法非常简单：我们只需在一定的高度让皮球落到坚硬的地面上，如果反弹后能到达原来的高度，那么皮球是完全弹性的；如果它根本无法反弹，则皮球是完全非弹性的。很明显，一只经过反弹却无法到达原来高度的皮球，就是我们所说的"非完全弹性"了。下面我们来看一下它碰撞过程的情况。皮球落到地面的瞬间，它与地面接触的部分会发生形变（被压扁），而形变产生的压力使皮球减速。在这之前，皮球与非弹性物体碰撞过程都并无二异。这意味着，此时它的速度为 u，

而减小的速度为 v_1-u。然而皮球不同于非弹性物体在于，这时被压扁的地方会重新凸起，受到地面对它的作用力，因此球再次减速。假如皮球可以完全恢复形状（即完全弹性的），它减小的速度大小应该与被压扁时一样，为 v_1-u。所以，对于一个完全弹性的皮球而言，它减小的总速度应该为 $2(v_1-u)$，因此

$$v_1-2\left(v_1-u\right)=2u-v_1$$

但我们这里讨论的皮球并不是完全弹性的，因此在被压扁以后它并不能完全恢复原来的形状。也就是说，使它恢复形状的作用力应该会小于当初使它发生形变的作用力，因此恢复阶段所减小的速度也会小于形变阶段减小的速度。即减小的速度要小于 v_1-u，假设这个值为系数 e（又叫"恢复系数"）。所以不完全弹性物体在碰撞的时候，前一阶段减小的速度为 v_1-u，后一阶段减小的速度为 $e(v_1-u)$。所以整个过程中一共减小的速度为 $(1+e)(v_1-u)$，在碰撞之后速度只剩下 u_1，即

$$u_1=v_1-(1+e)(v_1-u)=(1+e)u-ev_1$$

下面我们来求一下"恢复系数"，因为根据作用反作用原理，地面在皮球的作用下也会以速度 u_2 后退，即

$$u_2=(1+e)u-ev_2$$

两个速度之差 (u_1-u_2) 等于 $e(v_1-v_2)$，所以"恢复系数"可以根据下面的式子求出

$$e=\frac{u_1-u_2}{v_1-v_2}$$

而固定不动的地面则没有后退，即

$$u_2=(1+e)u-ev_2=0,\ v_2=0$$

所以，

$$e = \frac{u_1}{v_1}$$

其实 u_1 为皮球反弹后的速度，应为 $\sqrt{2gh}$，式中 h 为皮球的反弹高度；

在 $v_1 = \sqrt{2gH}$ 中 H 为球落下的高度，因此，

$$e = \sqrt{\frac{2gh}{2gH}} = \sqrt{\frac{h}{H}}$$

可见，通过这个方法我们就可以找到皮球的"恢复系数"，其实这个系数也可以用来表示皮球"非完全弹性"的非完全系数：皮球落下和反弹高度之比的开方即为所求。一个普通的网球在 250cm 的高度落下，反弹高度约为 127～152cm。由此我们可以算出网球的恢复系数在 $\sqrt{\frac{127}{250}}$ 到 $\sqrt{\frac{152}{250}}$ 之间，即 0.71 到 0.78 之间。

我们不妨取其平均数 0.75，即"75% 弹性"的球为例来做几个计算题目：

一、让球在高度 H 处落下，请问它的第二、第三以及后面各次的反弹高度为多少？

第一次反弹高度可以通过下面这个式子得到

$$e = \sqrt{\frac{h}{H}}$$

把 $e = 0.75$，$H = 250\text{cm}$ 代入为

$$0.75 = \sqrt{\frac{h}{250}}$$

解得到 $h \approx 140\text{cm}$。

所以第二次反弹可以看作是从 $h = 140\mathrm{cm}$ 高落下的反弹高度，假设为 h_1，则

$$0.75 = \sqrt{\frac{h_1}{140}}$$

又得到 $h_1 \approx 79\mathrm{cm}$。

同理第三次反弹的高度 h_2 满足下式

$$0.75 = \sqrt{\frac{h_2}{79}}$$

得到 $h_2 \approx 44\mathrm{cm}$。

如此类推……

如果这个球从埃菲尔铁塔上落下（$H = 300\mathrm{m}$），忽略空气阻力，则第一次反弹高度为 $168\mathrm{m}$，第二次为 $94\mathrm{m}$……（图 5 - 21）。由于实际速度很大，所以空气阻力也比较大，因此不能忽略。

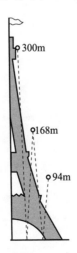

300m

168m

94m

图 5 - 21　从埃菲尔铁塔上落下来的球能跳多高

二、球从高度 H 落下后的反弹持续时间是多少？

已知

$$H = \frac{gT^2}{2} \quad h = \frac{gt^2}{2} \quad h_1 = \frac{gt_1^2}{2}$$

故

$$T = \sqrt{\frac{2H}{g}} \quad t = \sqrt{\frac{2h}{g}} \quad t_1 = \sqrt{\frac{2h_1}{g}}$$

所以每次反弹的总时间为

$$T + 2t + 2t_1 + \cdots\cdots$$

即

$$\sqrt{\frac{2H}{g}} + 2\sqrt{\frac{2h}{g}} + 2\sqrt{\frac{2h_1}{g}} + \cdots\cdots$$

整理上式得到：

$$\sqrt{\frac{2H}{g}}\left(\frac{2}{1-e} - 1\right)$$

把 $H = 2.5\text{m}$，$g = 9.8\text{m/s}^2$，$e = 0.75$ 代入，求出反弹的总共持续时间为 5s，也即球会在 5s 内继续跳动。

同样，如果这个球是从埃菲尔铁塔上落下的，忽略空气阻力，求得反弹时间将会持续达到 54s，接近 1min。

当球从较低的高度落下时，由于速度较小，所以能忽略空气阻力。科学家就曾做过实验检测空气阻力的影响，他们让恢复系数为 0.76 的皮球从 250cm 高处落下，忽略空气阻力的理论反弹高度应为 84cm，而实际上为 83cm，仅相差 1cm。可见，在这种情况下，空气阻力影响确实并不大。

5.22　为什么开水会使玻璃杯破裂?

将开水倒进玻璃杯中时，有经验的人会先在杯中放一个金属汤匙。这虽然是日常生活中的常识，但这种方法究竟是根据什么原理呢?

我不妨先说明，为什么开水会使玻璃杯破裂。

原因是玻璃的膨胀不均匀，所以会破裂。当开水进入杯子时，杯子的侧壁无法一下子全被加热。首先，侧壁内侧会被加热，但外侧仍停留在冷却的状态。因此，内侧部分迅速膨胀，而外侧部分却维持原状。所以外侧会受到内侧的强压，将玻璃杯震破。

某些人以为较厚的杯子就不容易破裂，其实这是错误的观念。因为，倒进开水时，厚杯子更容易破，薄杯子反而较难破裂。原因是薄杯子的外侧可以立刻被加热，而促使内外温度相等，因此膨胀也会均匀。但是，厚杯子的外侧不可能立即被加热，所以内外的温差就大了。

然而，薄杯子仅仅侧壁薄还不够，杯底也必须要薄。因为，在倒进开水时，首先被加热的是杯底。如果杯底很厚，即使侧壁很薄也没用，杯子依旧会破。此外杯底附带着厚台的玻璃杯，也比较容易破裂。

玻璃容器越薄，承受开水就越不易破裂。例如非常薄的烧杯，在杯中放水，直接用瓦斯炉来加热，也不会破裂。

如果加热时能完全不膨胀，才是最理想的容器。目前，在各种玻璃中热膨胀系数最小的是石英，其膨胀只是普通玻璃的 1/15，甚至 1/20。因此，透明的石英制容器，无论你如何加热，它都不会破裂。就算把加热成赤色的石英制容器，立刻丢入冰水中，它也不会破裂。而石英的热导率比普通玻璃大很多，这也是一个主要原因。

现在，热膨胀系数小而能承受温度剧烈变化的无水硼酸和二氧化矽合成的硼酸矽玻璃，或者石英玻璃制成的耐热容器、杯子和锅，都已经为人类所使用。

玻璃杯不但在突然加热时不耐用，就是在突然冷却时，也很容易破裂，理由为收缩不均匀。换言之，在冷却时，外侧已开始收缩，内侧却尚未收缩。因此，外侧压迫内侧，从而导致破裂。所以，在把热果酱放入瓶中后，务必要避免将瓶子放进水中冷却。

说到这里，我再来分析杯中放进汤匙的作用。

在加热时，杯子内侧和外侧的差异很大，这种情形发生在一下子就把开水注入杯中的时候。如果注入的是冷水，就不会产生太大的差异，也就是说，杯子各部分的膨胀没多大差异，杯子就不可能破裂。而在杯中放进金属汤匙，究竟有什么作用呢？金属是热的良导体，将开水倒入热导率低的玻璃杯时，金属汤匙会吸收一部分热。汤匙能使开水的温度降低，使开水变成温水，在这种情况下，杯子当然不会破裂。接着，我们继续倒入开水，就不会有太大的危险，因为玻璃杯的温度只会升高一点点而已。

简言之，将金属汤匙（尤其是大汤匙）放进杯中时，杯子就会均匀地被加热，这样一来，就能避免玻璃杯破裂。

银匙为什么效果更好呢？因为银是热的良好导体，银匙吸收热水中的热量，比黄铜匙快多了。如果把银匙放进装开水的杯中，手指却忘记放开，则手指恐怕会被烫伤。由此可知，银的热传导很快，相信大家都有过类似的经验。也可由汤匙烫手的程度，来判断汤匙的材料是什么。几乎烫伤手指的是银匙，否则便是黄铜汤匙。

由于玻璃杯侧壁的膨胀不均匀，才导致玻璃杯破裂。然而这种状况未必仅仅发生在玻璃杯，测定锅炉水位的水位计，也会发生相同的情形。水位计是一种玻璃管，它的内侧比外侧更容易受水蒸气或热水加热所影响而膨胀。由于管内的蒸气和热水的压力大，玻璃管很快就被破坏。应该如何防止呢？一般水位计的内侧和外侧，是用不同的玻璃制造而成，就内侧玻璃的质地而言，它的热膨胀系数比外侧玻璃的热膨胀系数小。

知识加油站：泡过热水澡为什么穿不进长筒靴？

"冬天昼短夜长，夏天则恰巧相反，为什么？因为在冬天，一切物体都因寒冷而缩小，白昼也因寒冷而缩短。夜晚则因为有灯火，有蜡烛，比较温暖，所以夜晚变长。"

俄国作家契诃夫在其短篇小说中，就有这种荒诞的想法，令人看了忍俊不禁。虽然我们觉得这想法十分可笑，但往往有人抱持与之类似的观念。在古代，便有俄国人认为，刚泡过热水澡，脚会膨胀，所以穿不进长筒靴，当然，这观念有矫正的必要。

当我们泡在浴缸里时，体温不会升高太多，通常在1℃以下，如果洗蒸气浴，顶多也不会超过2℃。人体不容易受周围的温度影响，能保持一定的体温，所以这就是人和其他哺乳动物被称为

"恒温动物"的理由。

纵使我们的体温增加1℃或2℃，但身体体积的膨胀程度却很小，连自己也不会感觉到，穿长筒靴当然毫无问题。人体柔软部分和坚硬部分的膨胀率，都在几千分之一以下。因此，脚板底面的宽度或小腿的粗度，最多只会增加0.01cm。这种0.01cm的增加，会影响穿长筒靴吗？除非俄国的长筒靴都太合脚了，严密得连一根毛都无法容纳。

我们在浴缸里泡过热水澡，脚之所以穿不进长筒靴，跟脚的热膨胀完全无关。真正的原因是我们的脚充血，脚的表皮会因吸收水分而鼓起，使得表皮扩张，所以无法穿进长筒靴。

5.23 防弹玻璃是怎么防弹的？

防弹玻璃是一种十分神奇的玻璃，普通的玻璃一敲就碎，而防弹玻璃却可以抵挡急速飞来的子弹。这是为什么呢？

要想知道一个东西为什么和其他东西如此不同，最彻底的方法就是了解它的结构。而让我们惊叹不已的防弹玻璃，严格来说它并非是完全意义上的玻璃。防弹玻璃实际上是一种由玻璃与优质塑料相结合的复合材料。而且，防弹玻璃并非是塑料与玻璃的简单结合，其经过了特殊的加工。我们都知道，普通玻璃的韧性是极低的，我们只需要用一块不大的石头就可以将一扇普通的玻璃窗砸碎。但是，玻璃的硬度却是惊人的，甚至是其他的金属都望尘莫及的。即使是普通的玻璃，想要将其切割开来，都必须用到金刚石。

　　和玻璃不同，塑料具有极强的韧性，质地柔软，但是强度极低。那么，能不能将玻璃与塑料相融合，从而取长补短呢？这样的想法在 20 世纪被一些富有创新意识的人想到了。他们不仅想到了，还将想法付诸实践。在 20 世纪初的英国，一家玻璃制造公司制造了一种夹层玻璃。这种新型的玻璃在外观上和普通的玻璃别无二致，但是它的抗震性以及耐冲击性远远高出了普通玻璃。这就是世界上第一块防弹玻璃与第一家安全玻璃公司诞生的故事。

　　由于夹层玻璃所体现出来的优越性，它启发了更多的人在防弹玻璃的制造上不断取得质的进步。人们在此之后，想到了将钢化玻璃与优质塑料相结合，制造真正能够防弹的玻璃。钢化玻璃在化学成分上与普通的玻璃类似，不同的是，钢化玻璃经过了特殊的淬火处理，具备了更高的抗震性与耐冲击性。

5.24　飞针穿玻璃的神奇现象

　　在小说中，武侠神功常常被形容为独门绝技，既功力盖世又神秘莫测，这毕竟是虚构的。然而，在现实生活中的确存在有令人叫绝的武侠神功。中央电视台的《曲苑杂坛》节目，播出了一位武警战士"飞针穿玻璃"的绝活。只见这位战士将手中的缝衣针用力一甩，这枚针竟然把玻璃打穿了一个小洞，穿过玻璃而去，令人惊呼不已。

　　据说"飞针神功"属于少林 72 绝技之一。现在，已有许多"侠客"练成了"飞针绝技"，进行公开表演，能够站在 3m 开外，飞针穿透 3～8mm 厚的玻璃，这些人确实有真功夫。普通玻璃的密

度约为 $2.5 \times 10^3 \ \mathrm{kg/m^3}$，是普通木板的 5 倍。用飞针穿透木板已经很不容易了，小小缝衣针质量不足半克，如何能够穿透如此密实的玻璃呢？让我们来探索这其中的力学奥秘吧。

1. 问题与思考题

1）试分析飞出的缝衣针能够穿透玻璃的必要因素，为什么需要苦练多年才能获得成功？

2）从材料和结构方面来看，有助于飞针穿透玻璃的途径是什么？

2. 参考分析

（1）要素归纳与技巧分析

我们可从生活中的类似现象中，归纳出缝衣针能够穿透玻璃的主要因素与规律。使用大头针装订时，因穿透几页纸所需的力极小。大头针可以做得细长，钉帽可略大一点，用两个手指捏住大头针，推进。使用图钉时，需用拇指用力按压。图钉的钉身短，直径略粗，钉帽面积大，便于施加更大的力并控制钉身的位移方向。穿透软的物体时，钉子的运动可直接用手控制，只需足够的穿透力。

修鞋师傅在钉鞋掌时，用一只手捏住铁钉，用手锤敲击钉帽。钉子穿透皮革时的阻力更大，必须借用动态作用的锤击力。在家庭装修中，悬空的吊顶结构上用普通的手锤难以钉进钉子。这是因为锤击的速度有限，其动能大部分转化为顶棚结构的弹性势能而被吸收掉了。往砖墙上钉钉子，需用钢钉，普通铁钉承载力差，钉不进去。

对于特殊的硬木，密度大而脆，很难钉入铁钉。一般的细钉容易弯折（失稳），而粗钉却容易使木头劈裂。这种情况下，使用气钉枪，高速发射气钉。这种气钉适用于室内吊顶装修，高效、省力。对于密度大的材料，如钢材，气钉枪无能为力，可以用射钉枪，射钉就是一颗子弹，钉身就是弹头，靠火药爆炸的能量使钢钉高速射入钢板。

在材料力学分析中，把钉子扩展为冲击物，木板扩展为被冲击物。归纳上述实践经验，可获得冲击物易于穿透被冲击物的几点要素是：冲击物与被冲击物的密度之比应尽量大；冲击物要有足够的动能，即较大质量和高速度，尤其是高速度；冲击物细长，其轴线保持与运动轨迹重合；冲击物具有承受冲击力所需的强度和稳定性。

徒手用飞针穿透玻璃的难度在于，必须同时实现对针体速度和飞行姿态的控制。首先需要保证针抛出时具有足够的初速度，否则针会被反弹回来或被嵌入玻璃中。为此需要高速甩动手臂，手腕有一定技巧和力度，操作难度大；其次，针很短，其运动稳定性差，抛出时的运动姿态不容易控制；第三，玻璃越厚，针所需的动能就越大；第四，由于空气阻力的作用，针会有速度损失，表演者站立的距离越远，穿透玻璃的难度就越大。综上所述，练就飞针神功所需的臂力和技巧，需要持续多年的探索苦练，循序渐进地增长功力，才能成就"神功"，这是常人难以达到的。

（2）针体材料与结构方面的因素分析

为了保证飞针穿透玻璃，基本条件是提高针的动能。动能与针的质量和针的速度的平方成正比，除了速度条件外，还需提高针的质量。

首先，应当尽量提高材料的密度。目前做缝衣针的钢材密度相差无几，如果是特制钢针，可以通过锻造和表面处理提高钢针材料的密度、硬度和表面光洁度，有利于减小飞行阻力，减小速度损失。如有可能，可选用比普通钢材密度更高的金属材料。从飞针的运动稳定性考虑，应当使其质心尽量靠前，这可以通过采用针体的变截面方案来实现。

其次，可以采用增加针的长度的方案加大针的质量。相对于直径为 d 的钢球的冲击动能，在同样的材料密度和冲击速度条件下一根直径为 d，长度为 nd 的长针的冲击动能提高了 n 倍多，而穿透时的截面相同。显然，针越长，冲击力增加的效果越显著。一般钢针的长度可达其直径的几十倍，则其"等效小钢球"的密度将达到玻璃密度的近百倍。以强大动能高速冲击，再加上针尖的尖劈作用，穿透玻璃就会变得轻而易举了。但是这里存在一个限度，如果针的长径比过大，冲击玻璃时有发生失稳破坏的可能。因此钢针应当具有适当的长径比。

最后，考虑玻璃的力学性能。与静载作用不同，当承受高速冲击时还存在一个应变率效应问题。通常加载特征时间在 1s 以下时为准静态，可不考虑惯性的影响，但在冲击加载条件下必须考虑惯性效应。当特征时间缩短至万分之一秒，或应变率达到 $10^4\,\mathrm{s}^{-1}$

时，属于高速冲击。投掷飞针的速度有限，只能达到中高速冲击的水平。由于惯性作用，玻璃只在针接触点附近的局部区域感受到应力和变形，飞针的速度越高，局部变形区域就越小，消耗在产生分布裂纹及其扩展上的能量就越少，飞针的成功率就越高。如果在普通玻璃中嵌入特制的低密度"玻璃"，表演时只涉及这一局部区域，就会大幅度地降低表演的难度。这是魔术和电影拍摄中常用的手法。

总之，飞针穿透玻璃与钉子钉透木板的力学原理是一样的。武侠神功的神奇之处首先在于多年练就的投掷功力和技巧，这是一个实践的问题。在远距离上用普通缝衣针穿透较厚的玻璃是只有极少数人才能够达到的高境界。

温馨提示：利用动荷作用原理，可从针体选材和几何构形上采取多项措施降低飞针表演的难度，提高成功率。利用特殊道具也可使飞针表演变得轻而易举。

5.25　物体放在哪里最重？

地球对物体的引力，随着离开地面的距离而减小。在地面上6400km的高度，也就是从地心算起，距离地球半径2倍的地方，引力就变成2的平方分之一，也就是1/4；换言之，用弹簧秤来称10N的砝码，结果却只剩下2.5N。倘若地球的全部质量集中在地心，依照万有引力定律可知，拉动物体的引力，和地心距离的平方成反比。以上述的例子来说明，从地心到物体的距离为地球半径的 2 倍，引力就变成 2 的平方分之一，也就是 1/4。此外，高度为 12800km，也就是地球半径的 3 倍，引力则为 3 的平方分之一，即 1/9，这时，重力原本为 10N 的砝码就只剩下 1.11N 了。

相反的，我们进入地球内部，照理说，越接近地心，引力就越大，也就是砝码所受重力在地球深处应该比在地表大；事实上，这种推测并不正确。因为越深入地球内部，重力非但不会增大，反而会减小。理由何在？原因是一旦深入地球内部，地球牵引物体的粒子，就不单是作用在物体的一侧（底部），而是普遍存在于物体的周围。读者不妨看看图 5 - 22。在地球深处的砝码，一方面受到下方地球粒子的牵引，而往下拉，另一方面又受到砝码上方粒子的拉力而往上拉。换言之，砝码位于地心和地表之间，假定对砝码作用的只有地心引力，则砝码越深入地球内部，重力就会越小，到达球心时，物体就会完全失去重力，也就是呈无重力状态。由于物体各方向所承受的引力完全相同，各方向的引力互相

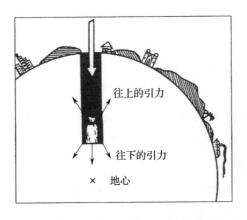

图 5 - 22　越接近地心物体所受重力会越小

抵消，结果变成零。因此，物体在地球表面时最重，离开地面无论是往上或往下，重力都会减小。实际上，由于密度的不同，在某种距离内，越接近地心，重力反而会增大，需要到更深一层后，才会逐渐减小。

5.26　物体下坠时的重力

也许每个人都有过这种奇妙的感受，就是在电梯开始下降的一刹那，觉得自己所受的重力似乎减轻了，这就是所谓的"无重力感"。虽然脚下的电梯已经开始下降，但身体的速度却未达到电梯的速度，所以在这最初的一刹那，身体几乎完全无法对电梯施加压力，因此感觉自身重力轻多了。当最初的一刹那过去后，身体不再有这种奇妙感。而且身体往下落的速度，能比等速运动的电梯更快地恢复原状，所以我们觉得又恢复自己的全部重力。

在弹簧秤上悬挂砝码，然后搭乘电梯下来。这时，开始观察指针移动的情形（为了易于辨认位置的变化，不妨在指针移动的那道沟中插入一片软木，看软木的移动状况来分辨其变化）。结果弹簧秤的指针并未标示出砝码实际所受重力，而标示出更小的值。假若让弹簧秤自由落下，我们会发现在落下的那一瞬间指针仍然指着零的位置。

无论多么重的物体，在它往下掉落的那一瞬间，看似都毫无重力可言，为什么呢？理由很简单，物体拉弹簧秤悬垂点的力量或压着秤台的力量，也就是物体所受的"视重"。当物体在往下落的那一刹那，并未拉动弹簧秤。由于弹簧秤和物体同时往下掉落，所以在这段时间，物体不可能压住任何东西，所以不可能产生任何视重。这时，物体的视重为零，但实际重力并未改变。

　　早在 17 世纪，著名物理学家伽利略就写过如下的一段话："当我们想防止肩上的货物掉下来时，就会感觉肩上有货物的重量。但是，倘若肩上的货物和我们以同速度往下降落时，我们就不会再感到肩上有货物的重量。这种情形，就好像我们在追赶同速度前进的敌人，而企图用刺刀杀对方是一样的道理。"可以做个简单的实验证明。

　　如图 5 - 23 所示，在秤的一端放一把工具，而在另一端置放砝码，使秤呈现水平的状态。现在把工具的一部分放在秤盘上，一部分则用绳索吊在秤杆的一端。我们用火柴烧吊工具的绳索，而当绳索烧断时，工具的另一部分就会掉在秤盘上。在这一瞬间，秤会有什么变化？换句话说，当工具的另一部分掉下来时，置放工具的秤盘是会往上移动，往下移动，还是保持原来的水平状态呢？

图 5 - 23　表示降落物体失重实验

从前面的例子来看，物体下降最初的一刹那没有视重，所以读者可能会回答：秤盘往上移动。实际上，秤盘也的确是往上移动。由于秤盘在下面，所以当工具的另一部分落下的那一瞬间，对于秤盘所作用的压力还是比静止的时候小，因此，在这一瞬间，置放工具的秤盘的负重就会减轻，秤盘便自然而然地往上跑了。

5.27　不准的秤能称出正确的质量吗？

试问，不准的秤，能称出正确的质量吗？要称出物体正确的质量，秤和砝码何者比较重要？

也许有人会说秤和砝码都很重要，这种说法并不正确；因为只要有正确的砝码，就是用不准的秤，一样可以测出正确的质量。用不准的秤，测出正确质量的方法，有好几种，在此只介绍其中的两种方法。

一种方法是由元素周期律的发明者，也就是著名的俄国化学家门捷列夫所想出来的。首先，在秤的左秤盘上置放物体 B，物体 B 必须比要称的物体 A 重，任何东西都无妨。然后在右秤盘上置放砝码，并使左右平衡。接着在放砝码的右秤盘上，置放要称重的物体 A，这时同样要使两秤盘平衡，就必须从右秤盘上拿掉几个砝码。所拿掉的砝码质量，也就是物体 A 的质量。换言之，在右秤盘上的物体 A，同样具有砝码的功用，质量便与取下的砝码相同。尤其当要连续称好几个物体的质量时，这种方法显得格外方便。不过，最初放在秤盘上的物体 B，必须连续使用好几次。

另一方法则是在左秤盘上放置要称重的物体，为了使左右秤盘平衡，就在右秤盘上放置散沙。接着把左秤盘上的物体拿掉，为了使左右秤盘平衡，则在左秤盘上置放砝码，于是砝码的质量就等于要称的物体的质量。

只有一个秤盘的弹簧秤，也可以用第二种方法测知正确的质量。只要有正确的砝码，也可以不用散沙。先把物体放在弹簧秤上，看指针停在哪一个位置。然后用砝码取代物体，直到指针到达刚才的位置，才不再增加砝码。这时，你可清楚得知，砝码的质量也就是物体的质量。

5.28　刚柔相济的芭蕉扇

芭蕉扇，俗称蒲扇，在古诗中多称为蒲葵，是夏季纳凉的常用生活物品。蒲扇虽粗陋简单，但却充满了神奇的魅力。芭蕉扇在小说《西游记》中出现过两次，第一次是在平顶山，太上老君用它来扇火炼丹，被金、银二童盗来作为法宝；第二次是在火焰山，孙悟空费尽心机，三盗芭蕉扇。最后用芭蕉扇显示神威：一扇熄火，二扇生风，三扇下雨，使千年不灭的大火顿时熄灭。一把蒲扇的神奇留给人们无尽的遐思和回味。

《西游记》毕竟是神话，故事的描写难免有出奇的想象和夸张。然而，在我国历代文学作品中，对芭蕉扇的赞美之作并不少见。

"结蒲为扇状何奇，助我淳风世罕知。林下静摇来客笑，竹床茆屋恰相宜。"这首诗为宋代诗人释智圆所作的《谢僧惠蒲扇》，诗中描述了作者在炎夏轻摇蒲扇，尽享清凉的美好感受，这是很自然的事。但让作者赞叹称奇之处和感到"世罕知"的深层意境恐怕就不那么容易被人领悟了。

芭蕉扇的神奇之处值得探索。我们不妨从力学的视角作一浅析，希望能揭示蒲扇结构特有的力学内涵。

1. 扇面结构的力学特征

相对于扇面面积而言，蒲扇的叶面厚度不足1mm，是典型的薄壁截面。为了抵抗弯曲变形，需要有一个合理的抗弯刚度。蒲扇叶脉的褶皱结构起到了关键的作用。蒲扇的褶皱主要集中密布于纵轴方向，并向两侧逐渐展开。褶皱的叶脉在根部密集而截面高，扩散到扇面边缘处则变得稀疏而平缓。这样，其弯曲刚度沿径向呈现逐渐衰减的变化，与风压作用下的弯矩分布规律相一致，从而有效地起到了抗弯作用。

2. 加固边缘的作用

如果说蒲扇沿径向的弯曲刚度分布是天然而成的叶脉结构，那么到了边缘处，叶面变得薄如纸，会在扇风时因过于柔弱而承受过大的弯曲应力，也极易于产生疲劳破坏。另外，扇面过软，变形过大，也降低了扇风的效果。这一不足可以通过人为地增加扇面的环向弯曲刚度来解决。在扇子的边缘处，采用细篾丝缝合加固后，造就了环向弯曲刚度略大，径向弯曲刚度较小的结构，扇动时扇面柔韧鼓风，类似鸟类的翅膀，省力而高效。如果扇子边缘处的篾丝太粗，或者假定用同样直径的铁丝来代替篾丝，那么，扇子的变形会大为减小，也更结实了，但扇起来就不再那么轻巧好用了。

3. 扇子变形的作用

扇面上的叶脉还具有导流的作用。空气沿径向的快速流动，一方面提高了扇风的效果，另一方面也有效降低了风压，限制了叶脉根部承受过大的弯矩。扇面存在一个对称轴，与扇柄和主脉方向重合，这一对称轴方向上具有最大的弯曲刚度。扇动扇子时，扇面主要的变形是绕着对称轴的弯曲，类似于鸟类的双翅围绕身体的中轴线运动。这种变形使扇子垂直于对称轴的横截面由直变弯，截面的惯性矩亦随之增大，相应地提高了抗弯刚度和强度，保证了扇风的效果。

温馨提示：芭蕉扇具有天生强悍的抗弯性能，主要源于其叶脉合理的褶皱结构。这种结构能抗折抗弯，且柔性好，所以能供人扇风乘凉。

5.29　神秘的大佛

在四川某风景区的旅游景点上，导游小姐正向游客介绍一尊石雕大佛。"这尊古代大佛不仅有文物和艺术价值，而且还体现了中国古代杰出的力学成就呢！"接着，她讲了如下这个小故事。

抗美援朝胜利之后，邱少云烈士的故乡决定要为烈士竖立一座雕像。美术工作者选择了当地一种优良石料，根据设计先雕刻出了一个小尺寸的模型。烈士双手紧握冲锋枪巍然挺立的英雄造型得到了有关各方面的认可，设计方案定型了。当放大比例刻制成大尺寸石雕像时，问题出现了。还未到最后完工，石像端枪的

手臂就意外地断裂下来。设计者意识到问题可能出在石料的强度
不够，但是该如何解决呢？

这时，有人提议，可以借鉴一下古代佛像的经验。附近恰好
有尊古代石雕佛像，造型是大佛直身挺立，在胸前举手臂（图5－
24）。虽然经历过千年风雨，却依然保存完好。

经过对立佛进行详细的考察分析，得出的结论是：佛像所用
的石材与邱少云雕像选用的材料非常相似，两者的造型和实际尺
寸也相差不多，为什么大佛伸出的手臂能安然无恙呢？难道真的
会有神明保佑不成？设计人员百思不得其解（没有学过材料力学，
难以发现问题的实质）。后来又经过反复观察和对照比较，终于发
现了奥秘所在：唯一的重要差别在于佛像多披了一领袈裟，正是
这个袈裟保佑了佛像强度的安全。设计人员由此获得灵感，立即
修改了设计方案，为雕像增加了一个军用斗篷，斗篷环绕英雄雕
像端枪的臂膀自然垂下（见图5－25），手臂强度的问题最终得到
圆满解决。

图5－24 站立佛像　　图5－25 邱少云烈士雕像

第六章

06

人体运动的奥秘

俗语云："生命在于运动""运动是生物的本能"。运动分为生命运动和自然运动。生命运动要受意识控制或本能影响，而自然运动则完全遵循科学规律。本章只研究人是如何运动的。

"体育是运动的艺术，运动是体育的灵魂。"健康的体魄是人们永恒的追求，生命无止境，运动无极限，我运动、我健康、我快乐。在体育运动中含有不少科学知识，如能有意识地加以认识，那么更会体验到"运动是快乐的源泉，快乐是生命的财富"。

6.1　人行走的秘密是什么？

行走，是人类再熟悉不过的动作了，但是你知道人类行走的原理吗？

摩擦力是人类行走时用到的一种力。摩擦力虽然对物体运动有阻碍作用，但适当的摩擦力会起到帮助物体运动的作用。假使没有它的存在，汽车在马路上会像在冰面上一样打滑，无法前行。

人类身体内部产生的力是大小相等方向相反的一对内力，无法让人的整个身体运动。在头脑中想象一下，你的身体使用内力 F_1 将右脚向前移，与这个内力相对的力 F_2 让左脚向后移，但此时这对力并没有使身体向前或向后移动。这时候左脚与地面的摩擦力 F_3 就成了能削弱其中一个内力的第三方力。如果一方力变弱，身体的重心就会改变，那另一方力自然就会起推动身体前进的作用（图 6 – 1）。

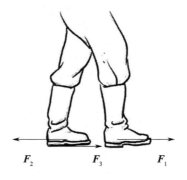

F_2　　　　F_3　　　　F_1

图 6 – 1　摩擦力 F_3 使人向前走

我们走路时，一只脚向前抬起伸出时，已经减小了地面与这只脚的摩擦力。另外一只脚踩在地面上，摩擦力较大，正好阻止了脚向后滑。

　　总之，人行走是一个复杂的运动，由于是单足支撑，重心在地面上的投影经常越出鞋底与地面的接触面，不能像爬虫缓慢爬行那样随时满足静平衡条件（图6－2）。因此人的行走稳定性是一个动态过程，主要依靠鞋底与地面的摩擦力来维持。运动员穿上钉鞋就能大步奔跑，原因就是鞋底与地面的摩擦明显增强了。

图6－2　人行走的稳定性

6.2　为什么人在走路时要摆动双臂？

　　在生活中，我们常常会看到这样一种现象，当人在走路时，双臂会很自然地轻微摆动。走路时双臂为什么要摆动呢？有人推测，走路时双臂摆动有利于校正头部的位置。因为人走路时面部始终朝向前方，可是伴随双脚的交替跨步，双臂自然会随之发生摆动。这种摆动会由肩部传到头部，导致人的头部在走路时左右转动，而手臂和脚交叉摆动，就能够适当抵消这种转动。然而，科学测定的结果并不支持这种推测。因为人走路时即使双臂纹丝不动，肩部转动的角度也会很小，头部转动角度几乎只有2°，从而不会影响人体面向前方。总而言之，这种推测不成立。

那么，为什么人在走路时会摆动双臂呢？

有些科学家从猿演变成人的过程中得到启发，推出人走路时摆动双臂的原因。人是从猿猴等四肢着地的动物演变而来的，这一类动物在行走时，前后肢交替跨步是很有规律的。当人学会直立行走时，其前肢的行走功能逐渐退化，最后变成了双臂。实验证明，当人被绑住双臂走路时，双臂的肌肉仍在不断地、有规律地收缩运动着。由此可知，人在走路时摆动双臂，与四肢着地的动物行走姿势有重要关系，这体现了在由猿到人的演变过程中动物习性的残留影响。对于现今的人类来说，这种姿势主要起协调和平衡走路的作用。

6.3　你熟悉走与跑吗？

走与跑，是我们生活中最熟悉不过的两个动作了。前面讲了行走的秘密，这一节再讲一讲走与跑的学问。我们非常熟悉走与跑这两个动作，但并不熟悉人体究竟是怎样完成这两个动作的。这两种运动方式之间，除了速度不同外还有着怎样的差异呢？

生理学家这样描述人的行走过程：首先人用一只脚站立，然后轻轻地抬起另一只脚的脚后跟使身体前倾，当人的重心在地面上的投影超出这只脚的鞋底与地面的接触面时，将另一只悬空的脚向前踏到地面上，使得重心在地面上的投影，进入到另一只脚的鞋底与地面的接触面的范围之内，重新获得平衡，然后再循环往复，直到走到人想要到达的地方。行走也就是一个人不停地向前倾倒，然后及时由原来在后面的一只脚提供支撑防止跌倒的过程（图6-3）。

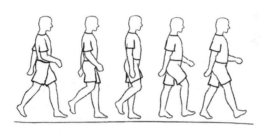

图6-3　人行走时的连贯动作

图6-4是人行走时的双脚示意图，上面的 A 线表示一只脚的动作，下面的 B 线表示另一只脚的动作。直线表示脚接触地面的时间，曲线表示脚离开地面的时间。从图上我们知道，在时间段 a 里，双脚接触地面；在时间段 b 里，A 脚悬在空中，B 脚接触地面；在时间段 c 里，双脚同时接触地面。步行的速度越快，a、c 两段时间越短（请与图6-5的跑步示意图做比较）。

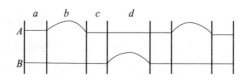

图6-4　人行走时的双脚示意图

对于跑步来说，更确切地讲它应该是由双脚交替的跳跃动作组成。跑步的时候由于腿部肌肉收缩，身体会有一瞬间被弹到空中完全离开地面，然后再由一只脚着陆。在人腾空的那一瞬间要快速向前迈进一只脚，不然就只是原地跳跃而已。

图6-5是跑步时的双脚示意图。从图上可以看出人在跑步时，有时双脚腾空（时间段 b、d、f 内），这是行走与跑步的区别所在（请与图6-4做比较）。

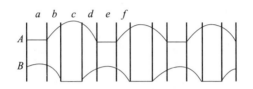

图6-5　人跑步时的双脚示意图

让我们再回过头看看人行走时的运动过程，当人踏出第一步后，人的一只脚仅仅刚接触地面，另一只脚就重重地踏在地面上。只要步幅不大，刚接触地面的那只脚的脚后跟应该是微微抬起的，只有这样才能使身体前倾。同时，踏在地面的那只脚应该先是脚后跟着地，随后变成全脚掌着地，当这只脚的全脚掌着地时，接触地面的那只脚应该已经完全腾空了。同时，着地的时候原本膝盖有些弯曲的这只脚会因为股四头肌的收缩而垂直于地面，使人体能够移动，而原本支撑地面的脚也变成仅仅用脚趾支撑，然后离地。这样复杂的交替需要消耗能量，即便在水平的路面上行走也要做功，不过此时消耗的能量远没有走到同等距离的高处时所需要消耗的能量那么多。一般一位步行者在水平路面上行走所消耗的能量，大约是他在攀登过程中走同等距离的路所要消耗能量的 1/15。这也就是上坡比走在水平路面上更费力的原因。

6.4　图示坐姿你能站起来吗?

　　假如我说,如果你按照我的要求坐在椅子上,你不可能再站起来,你会不会认为我在说谎?可是如果你试着按图 6 - 6 所示的坐法试一试,很快就会发现我说的并非戏言。这是为什么呢?

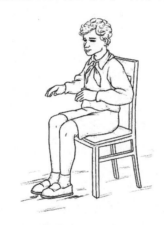

图 6 - 6　这样的姿势坐在椅子上为什么站不起来

　　当你坐在椅子上让躯干保持竖直,既不改变双脚的位置,也不向前弯曲躯干的话,你会发现你根本无法站起来。若想知道个中缘由,要从物体的平衡说起。当物体立在地面上时,物体重心在地面上的投影只要不超过该物体的底面与地面的接触范围就不会倒下。比萨斜塔和博洛尼亚双塔至今没有倒塌便是因为这个原理,它们的重心在地面上的投影并没有超出其底面坐落的巨大范围,当然塔没有倒塌也与它们牢牢的地基有关。反之,如果物体

重心在地面上的投影不在物体的底面内（图6-7），底面也没有被
固定，那么它就会倒下。

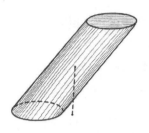

图6-7　物体重心在地面上的投影不在物体的底面内

就像这些建筑一样，人在站着的时候，身体重心在地面上的
投影要一直在他双脚的范围内才能保持平衡，稳稳地站在地面
（图6-8）。同理，当人坐着的时候，人的重心位于体内靠近脊柱
的位置，这个位置在地面上的投影位于人双脚后方，所以在人想
站起来的时候，要通过身体前倾或者移动双脚的位置来做重心的
变换。这也就是为什么，一旦人按照图6-6所示的姿势坐下时，
就很难再站起来。

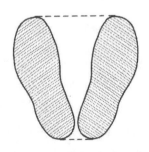

**图6-8　人站立时重心在地面上的投影在
两脚外缘所围成的小面积内**

　　平衡就是这样一件神奇的事。为了保持平衡感，人的身体会不由自主地塑造一些优美的姿态。例如当人在顶起重物时，为了保持平衡，头部和身体要保持竖直，否则再微小的倾斜也会让人东摇西晃，狼狈不堪。然而，有时候保持平衡也会让人的姿态变得格外奇怪。不知道你是否观察过那些长时间生活在海上颠簸的甲板上的船员，他们一旦到达岸上就会格外显眼，总是大大叉开双脚，占据尽可能大的面积。他们的步态这样奇怪，主要是由于在海上漂泊时要能够在颠簸的甲板上控制重心、保持平衡。

6.5　为什么人不弯腿就跳不起来?

　　在初中生物课堂上，我们会了解到：用小锤子敲击膝盖，膝盖就会弹跳一下，弹跳是由条件反射的原理造成的。那么，为什么我们往上跳时必须弯一下腿呢?

　　人要想跳起来，就必须借助腿部的力量，而腿部要用劲，就必须弯一下。牛顿第三定律告诉我们，如果物体甲要给物体乙一个作用力，物体乙必须同时给物体甲一个反作用力。这个作用力和反作用力的大小应该是相等的，但是方向却是相反的，且作用在同一条直线上。比如我们在打壁球的时候，我们给墙壁施加一个力，墙壁同时也会施加一个力给我们。这样有来有往的力的作用正好使球能够在人和墙壁之间来回运动。

　　同样的原理，假如我们想要从地面上跳起来，就必须要使地面对我们有一个力把我们"弹"起来。我们为了使地面对我们施加力，就得先对地面有个作用力。所以，我们需要弯腿、下蹲，然后再向上跳。这个过程就是我们在对地面施加力的过程，因为我们在弯腿、下蹲的时候是在调整腿部的肌肉，使肌肉收缩、用力。这样一来，地面就会同时对我们产生向上的反作用力，借助这个反作用力我们就跳起来了。反之，如果没有力的相互作用，我们是无法跳起来的。

6.6　为什么跑步时会岔气？

在我们跑步时，经常会出现让人难受的事情——岔气。那么跑步岔气是怎么回事呢？膈肌痉挛是导致跑步岔气的主要原因。膈肌是人体主要的呼吸肌，位于胸腔和腹腔之间。在跑步者呼吸急促地跑步时，膈肌会变得十分疲劳，无法正常地上下移动，支撑隔膜的韧带就会出现痉挛，从而引发岔气。此时，跑步者会感到左侧或右侧肋部以下剧痛。

错误的跑步姿势也会引发岔气。跑步时最忌讳采用肩部下沉前倾的姿势，因为这样会使腹膜的摩擦力加大，让背部到腹部的神经更加紧张，时间稍久，跑步者就会出现疼痛感。

另外，呼吸过浅也是岔气发生的诱因之一。在身体需氧量加大时，不采用深呼吸，而是加快呼吸的频率，导致呼吸过浅，从而引起呼吸肌痉挛。而深呼吸能够使空气灌满肺部，有助于提高呼吸质量，减少对呼吸肌的压迫，避免发生岔气。

在饱腹或者脱水状态下跑步，也可能会出现岔气的情况。

跑步岔气是呼吸问题。我们在跑步之前的 3 个小时里，要少进食，及时做好热身，开跑后要平稳地提高跑步速度，尽量做到呼吸均匀。身体素质越来越好后，岔气现象就会出现得越来越少。

6.7　不怕铁锤砸的人

在杂技表演中，有这样一个惊险的节目：一个躺着的演员胸上搁着一块大铁砧，另外两位演员则用大铁锤重重砸向铁砧，躺着的演员却毫发无损（图6−9）。

你肯定很惊奇，为什么人可以承受得住这样猛烈的震动呢？但当你了解了物体间的弹性碰撞后，你就应该明白铁砧比铁锤越重，铁砧在碰撞瞬间得到的速度越小，因此人的震感也越小。

图6−9　两个大力士抡起铁锤向铁砧上用力砸去

以下就是被撞物体在发生弹性碰撞后的速度

$$u_2 = \frac{2(m_1 v_1 + m_2 v_2)}{m_1 + m_2} - v_2$$

其中 m_1 为铁锤的质量，m_2 为铁砧的质量，v_1 和 v_2 分别是它们碰撞前的速度，u_2 为铁砧碰撞后的速度。

由于铁砧在碰撞前是静止的，因此 $v_2 = 0$，所以

$$u_2 = \frac{2m_1v_1}{m_1+m_2} = \frac{2v_1 \times \dfrac{m_1}{m_2}}{\dfrac{m_1}{m_2}+1}$$

如果铁砧的质量 m_2 远大于铁锤的质量 m_1，则 $\dfrac{m_1}{m_2}$ 的值就会很小，因此分母中的 $\dfrac{m_1}{m_2}$ 可以忽略不计。整理上式，得到

$$u_2 = 2v_1 \times \frac{m_1}{m_2}$$

可见铁砧碰撞以后的速度比铁锤碰撞前的速度小很多。

譬如，当铁砧的质量为铁锤的 100 倍时，铁砧碰撞后的速度只有铁锤碰撞前速度的 1/50

$$u_2 = 2v_1 \times \frac{1}{100} = \frac{1}{50}v_1$$

现在你应该明白为什么说铁砧越重，躺在它下面的演员越安全了吧。不过在胸上承受这么重的铁砧也是一个难题，如果改变铁砧底部的形状，增大其与人体的接触面积，就可以使压在人身上的铁砧质量分散，也就是说人每平方厘米体表上所承受的铁砧质量会减小。另外，还可以在铁砧与人体之间加垫一层柔软的垫子，减缓压强。

因此在观看表演的时候，你大可不必怀疑铁砧的质量，不过铁锤的质量就值得斟酌了。事实上，表演中的铁锤可能并不如你所想的那么重，甚至可能只是空心的，不过这样的改动并不影响表演的效果，但对于铁砧下的演员而言，他所感受到的震动却是大大减弱了。

第七章

工程中常见的力学问题

07

力学是工程技术中的一门重要技术科学。它主要用在工程结构的受力分析，强度、刚度和稳定的计算上。本章所涉及的是常见的简单工程问题，不需要复杂的工程计算，只作简单的受力分析，就能说明所涉及的力学问题。浅显易懂，易学易会。

7.1　安全帽为什么要做成半球形?

不知大家有没有注意，建筑工地里的工人戴的安全帽，摩托车手戴的安全头盔，还有赛车手戴的防护帽是什么形状? 只要略微留心一下就会回答，全都是半球形的。试问，安全帽为什么要做成半球形呢? 除了为了美观，还有其他的原因吗? 有，而且是主要原因。显而易见，安全帽被设置成半球形是因为这样形状的安全帽是最牢固的。那么再进一步问，为什么安全帽设置成半球形是最牢固的呢?

由力学知识告诉我们：一个物体是否牢固，除了与本身的材料强度有关之外，与它的外形更是息息相关。据专家测定，能经受得住外来冲击力的最好形状是球形等凸曲面，因为凸曲面往往能把受到的外加压力沿凸曲面扩散开来，使整个面各处的受力比较均衡。所以半球形的壳体具有较大的承受能力。

假如一名摩托车手在行驶的过程中突然滑倒，正好撞到头部。由于速度和质量的原因，这次的撞击会对摩托车手的头部产生巨大的冲击力。在这个时候，光滑的半球形薄壳的头盔就能阻挡一部分的冲击力，并把这些集中在一起的冲击力沿球面均匀地分散开来，且主要受压力作用，由物体性质知，物体承受的压力比较大。同时，头盔内壁的弹性衬垫物也能缓冲掉一部分力，从而减少头部受到的冲击力，避免人员的伤亡。

多次的试验结果表明，安全帽、安全头盔等能使外在的冲击力被分散和缓冲掉大约 70% ~ 90%，足以使头部得到较好的保护。因此，建筑工地和矿山都严格要求进入施工现场的人员必须戴上安全帽。

如果对上述解释还有点不太懂，请再看看鸡蛋、电灯泡之类为什么能承受很大的外力？如弄懂这个问题，那么上述问题也就彻底弄清了。

在人们的印象中，鸡蛋、电灯泡之类是很脆弱的，一碰就碎，不能承受多大的外力，但其实不然。殊不知鸡蛋、电灯泡之类可以承受很大的外力。例如两手五指相交叉，中间放一个鸡蛋，用力压它的两端，是没那么容易压碎的；再如可以在一个相当重的饭桌四条腿下，都放上一个鸡蛋，也不会轻易把鸡蛋压烂的，并且桌上还可以慢慢放些小东西，也不会出问题；另外，电灯泡看起来也很容易破碎，实际上像蛋壳一样坚固，不！比鸡蛋更坚固。有人做过实验，直径 10cm 的电灯泡两面受的压力可超过 750N（一个人所受重力）。实验表明：真空电灯泡甚至还能承受住约 2.5 倍一个人体重的压力。

试问，这是什么道理呢？因为鸡蛋、电灯泡的外形似如合理的无铰拱，在外力作用下只产生压力，不产生拉力，所以能够承受很大的外力。

7.2　为什么比萨斜塔没有倒塌？

意大利的比萨斜塔举世闻名。除了伟大的物理学家伽利略在这里举行了著名的自由落体试验之外，另一个重要的原因自然就是这个塔是倾斜的。虽然这几百年来，比萨斜塔倾斜得越来越厉害，但是它却没有倒下去（图7-1）。

图7-1　比萨斜塔

或许人们以为这是人类的又一发明创造，是智慧的人类故意为之。其实不然，比萨斜塔刚开始和其他的塔一样是笔直的，后来，由于地基松软，比萨斜塔无法直立，开始慢慢倾斜。幸运的是，它并没有轰然倒塌。

物体之所以会倾斜，是因为物体之间的静态平衡被打破了。任何作用在物体重心的重力作用线一定要落在物体的基底面积内，如果这条作用线越出了基底的范围，该物体马上就会失去平衡，出现倾斜甚至倒塌的情况。

为了防止比萨斜塔的倾斜越来越严重并最终倒塌，科学家提出了各种方案来进行维修。我国科学家提出：最好的办法就是在塔倾斜方向的反方向地基上灌入大量的水泥，这样就可以将比萨斜塔的重心向反方向移动，从而使塔身不再继续倾斜，甚至还能矫正塔身。

另外，杂技表演中的演员之所以能够在摞着的椅子上做出各种表演，还能保持平衡而不跌倒，就是利用了同样的原理——不论有多少演员或多少张椅子，由于演员和椅子的重力作用线始终在椅子脚所围成的底面积内，所以就不会倒。

7.3　为什么路桥的下面多数都有桥孔？

一座巨大的桥梁在跨越江河的时候，需要桥墩来支撑，而桥墩之间的桥孔长度就是桥梁的跨径。桥梁的跨径越大，其所承受的负荷就越大。而负荷越大，就要求桥梁必须拥有更高的强度。桥梁的强度一般取决于两个方面：桥梁的材料和桥梁的结构形式。为了使桥梁的强度增加，桥梁的长度越长，就需要造出越多的桥孔。图 7 - 2 为颐和园的十七孔桥。

图 7 - 2　颐和园十七孔桥

桥梁的跨径除了由桥梁的强度来决定，也由桥墩来决定。桥梁的负荷随着跨径的增加而增加，而这些增加出来的负荷就要由桥墩来承受，因此这就要求桥墩必须有足够的强度。桥墩的强度与桥梁的强度类似，也是由材料与形式决定的。

增加桥墩强度的方法中，加大桥墩宽度是最常用的方法之一。

　　显而易见的是，跨越同一河流的桥梁，如果桥孔少，就说明桥墩少，相反则说明桥墩多。如果桥墩少，桥梁的跨径就大；如果桥墩多，那么桥梁的跨径就小。一座桥梁合理的桥孔数量，应该使全部桥梁的成本等于全部桥墩的成本。另外还有一个特殊情况会影响桥孔的多少，即在水流很急的河流中，桥墩的数量是越少越好。

　　此外，桥孔的数量还与美观有关。出于一些审美上的原因，桥孔的数量也会有所变化。

　　知识加油站：李春和他的赵州桥

　　李春是隋朝著名的工匠师（图 7 - 3），他于公元 605 年建造完成的赵州桥（图 7 - 4）至今已有 1400 多年的历史，是当今世界现存最早、保存最完善的古代敞肩石拱桥，1961 年被国务院列为第

图 7 - 3　隋朝著名工匠师李春像　　　图 7 - 4　赵州桥整体与局部

一批全国重点文物保护单位。在这漫长的历史长河中，它经历了
10次水灾、8次战乱和多次地震，但至今仍然保存完好。

赵州桥的主要特点为：桥身全长64.4m，主拱净跨径
37.02m，拱高7.23m，桥上还有4个小拱，拱厚均为1.03m。桥
的两端宽9.6m，中间略窄，宽9m。这是当今世界上跨径最大、
建造最早的单孔敞肩型圆弧石拱桥。赵州桥被公认是建筑史上的
稀世杰作，1991年被美国土木工程师学会认定为"国际土木工
程历史古迹"。

7.4 为什么铁道不直接铺设在地面上？

其他的车辆都是在地面上行驶，唯有火车、轻轨、地铁等车
辆是在特别修建的轨道上行驶，而且这些轨道大部分都是在地下
或者是人烟稀少的地方修建。大家知道这是为什么吗？

要想揭开这件事的奥秘并不难，首先来了解一下铁道的构成。
铁道由两根钢轨铺设而成，不过这两根钢轨并不是直接铺设在地
面上，而是先用道钉把钢轨钉在轨枕上，然后再把钉上钢轨的轨
枕架设在覆盖着无数小碎石和矿渣的路基上面。

这样列车巨大的质量就不会通过车轮集中落在车轮与路基接
触的极小面积上，而是先从车轮传到钢轨，再通过轨枕、道砟传
到路基上。这样几次传下来，承受质量的接触面一次比一次大，
最后把全部质量分散传到了整个路面上，路面受到的平均压力变
小，避免了路面被压坏的可能。

此外，将钢轨和轨枕铺设在道砟上，还能防止因列车通过时

产生的剧烈震动导致的轨枕移位的情形，也可以减轻列车行驶时出现的颠簸。而且，由于道砟垫高了轨道，颗粒状的道砟相互间的空隙很多，轨道的通风排水性能较好，能让轨道保持比较干燥的状态，从而能防止钢轨生锈。

7.5　为什么钢轨都是"工"字形的?

　　火车是一种沿着轨道行驶的列车。火车发展至今，有着不同的类型，但是无论火车如何发生变化，钢轨断面的形状却一直没有发生变化。人们在铺设钢轨的时候，都选择了"工"字形钢轨（图7–5）。这是为什么呢?

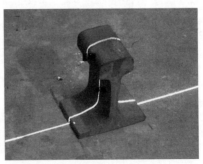

图7–5　"工"字形钢轨

　　火车在行驶的时候，给钢轨施加了很大的压力。为了承受住来自火车的压力，钢轨的顶部就必须有一定的宽度和厚度。同时，为了提高钢轨的稳定性，钢轨底部的宽度也必须足够大。另外，为了与火车的车轮相配合，钢轨又必须具有一定的高度。为了达到这三个方面的要求，"工"字形可以说是最理想的形状。从材料力学的角度来看，"工"字形的钢轨也具有极大的强度。

7.6　为什么自行车车架由管子构成？

如果细心观察，我们就会发现如今的自行车车架都是由管子构成的。也许很多人认为实心杆会比管子更结实耐用，但为什么自行车车架还要用管子做呢？其实，环形截面面积相等的管子和实心杆相比，两者的抗断和抗压强度几乎没有什么区别。如果比较的是抗弯强度，在实心杆和管子环形截面积相等的情况下，弯曲一段实心杆会比弯曲一段管子容易得多。因此，自行车车架用管子做不仅能节省材料，而且能提高抗弯强度，可谓是一举两得。

对于这一点的解释，强度科学的奠基人伽利略早就在他的《关于两门新科学的对话》里做出了重要的著述：

"迄今我们已经证明了关于固体对断裂的抗力的许多结论。作为这门科学的一个出发点，我们假设固体对于轴向拉伸的抗力是已知的；由这一基础出发人们可以发现许多其他的结果及其证明；在自然界中，要寻求的这些结果是不计其数的。但是，为了结束我们的日常讨论，我想讨论有空洞的固体的强度，在上千种工作中为了大大增加强度而不增加重量，它被应用在技术中——更经常地用在自然界中；其例子可以在鸟的骨头和许多种类的芦苇中找到，它们轻且对弯曲和断裂都有非常大的抗力。如果一根麦秆携带一枝比整根茎秆还重的麦穗，麦秆是由实心形状的同样多的材料构成的，它对弯曲和断裂将有较小的抗力。这是被实践证实了的经验，人们发现一根中空的长杆、一根木头或金属的圆管比具有相同长度和重量的实心的长杆（它必然会细些）要强得多。人们已经发现，为了使长杆强而轻，必须使它是空心的。"

其实，只要我们研究一下杆被弯曲时所产生的应力，就一目了然了。现在支起杆 AB（图 7 - 6）两端，在中间放一重物 Q。在重物 Q 的作用下，杆向下弯曲。我们可以看出，杆的上半部分被压缩，产生了反抗压缩的弹性力，相反的，下半部分则被拉伸了，产生了反抗拉伸的弹性力，而中间有一层（中立层）既没有受到拉伸，也没有受到压缩。需要说明的是，不管是反抗拉伸的弹性力还是反抗压缩的弹性力，都是想使杆恢复原状。随着杆的弯曲程度不断增大（不超过弹性形变的范围），这两股弹性力也会不断增大，直到由 Q 所产生的拉伸力和压缩力大小相等为止，弯曲也就停止了。

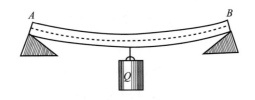

图 7 - 6　弯曲的横梁

综上所述，杆的最上一层和最下一层是起着对弯曲最大反抗作用的，其余各层离中立层越近，作用就越小。所以，最好的杆是使截面形状大部分材料离中立层最大限度的远，工字梁和槽形梁（图7-7）的材料分布就是如此。

图7-7　工字梁（左）和槽形梁（右）

当然了，我们不能因此就让管子的内壁过分单薄，而是要在保证两个管面相互不变动位置和管子稳定性的前提下，使管子内壁趋向单薄。

桁架（图7-8）去除了靠近中立层的全部材料，相比于以往的工字梁，桁架节省了材料，也更加轻便。我们把杆 $ab\cdots\cdots k$ 用弦杆 AB 和 CD 连接起来，代替整块材料。根据上文所得出的结论可知：在 $\boldsymbol{F}_1$ 和 $\boldsymbol{F}_2$ 的作用下，上弦杆被压缩，而下弦杆被拉伸。

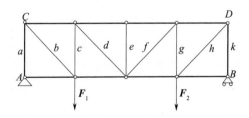

图7-8　桁架

通过以上分析，大家都明白了管子比实心杆在抗弯强度方面更有优势的原因。

7.7　车轮胎上为什么有凹凸不平的花纹？

　　轮胎是汽车的重要组成部分，轮胎之于汽车，就好比双脚之于人类。没有轮胎，汽车就如同是一堆废品。世界上第一个轮胎是用木头做的，它不是被运用在汽车上，而是被运用在了马车上。之后，哥伦布肩负使命探索新大陆，在他的新发现中，橡胶成了一个足以改变世界的发现。1888 年，一个苏格兰人用橡胶制造了充气轮胎，并获得了专利。随着技术的进步，1930 年，米其林制造了世界上第一个无内胎轮胎；十几年后，米其林又发明了闻名于世的子午线轮胎。

　　时至今日，世界上的轮胎已多种多样，但是它们都有一个共同点，在它们之上都有凹凸不平的花纹。这些花纹有什么作用呢？

　　简而言之，轮胎花纹的主要作用就是增加胎面与路面间的摩擦力，防止车轮打滑，这与鞋底花纹的作用如出一辙。轮胎花纹提高了胎面接地弹性，在胎面和路面间切向力（如驱动力、制动力和横向力）的作用下，花纹块能产生较大的切向弹性变形。切向力增加，切向变形随之增大，接触面的"摩擦作用"也就随之增强，进而抑制了胎面与路面打滑或打滑趋势。这在很大程度上消除了无花纹轮胎易打滑的弊病，使得与轮胎和路面间摩擦性能有关的汽车性能——动力性、制动性、转向操纵性和行驶安全性的正常发挥有了可靠的保障。有研究表明，胎面和路面间产生摩擦力的因素还包括这两面间的黏着作用，分子引力作用以及路面小尺寸微凸体对胎面微切削作用等，但是起主要作用的仍是花纹块的切向弹性变形。

影响花纹作用的因素较多,但起主要作用并与汽车行驶有关的因素是花纹样式和花纹深度。轮胎花纹样式多种多样,但归纳起来,主要有3种:普通花纹、越野花纹和混合花纹。

7.8　拖拉机为什么前轮小、后轮大?

我们日常见到的汽车、卡车等四轮车的车轮大部分都是一样大小的,拖拉机除外。拖拉机虽然也是四个车轮,但是它的车轮前小后大(图7-9),模样看起来有些奇怪,大家知道拖拉机的车轮为什么前后大小不一样吗?

图7-9　拖拉机前轮小后轮大

拖拉机日常主要行驶在坑坑洼洼、软硬不一的田野上,不像其他轿车一样行驶在平坦的马路上,而且,拖拉机拖拉的还是各种各样比较笨重的农业机械。在这种不同寻常的工作环境中,拖拉机前后轮承担的任务是不同的,而它们前后不一样的大小正是为了适应彼此不一样的承重要求而特别设计的。

　　前轮的主要任务是在拖拉机司机转动方向盘时，能够灵活、快速地调整方向，引导整个拖拉机按照司机的意愿前进，所以，前轮要稍微小一些、窄一些，这样在转动方向盘时受到的阻力相对要小一些，不仅操纵灵活，也节省了发动机的动力。与前轮不同，后轮主要负责拉播种机、插秧机、圆盘犁等农业机械，而这些机械都是由金属制造的，质量比较大。这些农业机械大部分的质量落在了后轮上，所以，我们一般都把后轮设计得又宽又大，以方便拖拉更多的东西。

7.9　车轮的转动之谜是什么？

　　朋友，你会骑自行车吗？你有没有在不经意间，看到自行车车轮上沾到一张纸条什么的，然后当纸条位于滚动的车轮下方时，还能看清它的运动轨迹，然而一旦随着车轮转动它变成位于车轮上方时，往往还没看清它怎么动它就又跑到车轮下方去了。再看滚动着的车轮上部和下部的辐条，竟然也是这样。轮胎下部的辐条一根一根清晰可见，然而轮胎上部的却连成一片影子，无法看清。这究竟是为什么呢？难道车轮上部要比车轮下部移动得快吗？

　　事实确实如此，产生这种现象的原因是对处于滚动状态的车轮来说，它上面的每一个点都在做两种运动，一个是围绕着车轴旋转的运动，另一个是同车轴一起向前的运动。这两种运动同时进行，从而出现了两种运动的合成，运动合成的结果对于车轮上下两个部分的作用各不相同。对于车轮上部来说，由于两种运动方向的夹角是锐角，所以车轮绕着车轴旋转的速度要加上车轮前进的速度。而对于车轮下部来说，两种运动方向的夹角是钝角，所以车轮下部运动的速度是两个运动速度的差。车轮上部运动的速度要大于车轮下部运动的速度。

这个规律只对向前滚动着的车轮有效，而不适用于在固定轴上转动的轮子。因为固定轴轮子相同直径圆周上的各点都在以同样的速度运动着，比如飞轮，无论是飞轮上部还是下部每一个点的运动速度都是相同的。

7.10　坐着火车观雨滴

坐火车时，人们常常注意到一个非常有趣的现象，雨水淋在火车的玻璃窗上之后会形成一条条的斜线。这个过程中，两个运动是按照平行四边形的规则进行合成的，而且合成之后的运动是直线运动（图7-10）。由于火车是匀速运动的，学过物理学的人都知道，这种情况下合成后的运动如果是直线运动，那么另外一个运动，也就是雨滴的下落也应该是一个匀速运动。如果雨滴下落时不是匀速运动，那么玻璃窗上的雨水应该形成的是曲线而不是直线。当雨滴匀加速下落时，甚至还可以在玻璃窗上形成抛物线。车窗上的直线只能说明一点，那就是雨滴下落过程中做的是匀速运动。这是个出人意料的结论，乍一看甚至有些荒谬，落下的物体居然是做匀速运动。这是怎么回事呢？

图 7 – 10　雨水在玻璃窗上形成的运动轨迹

　　其实在雨滴下落过程中之所以做的是匀速运动，是因为它们所受到的空气阻力跟它们受到的重力处于一种平衡状态，这时候不能产生加速度。

　　如果没有空气阻力，雨滴下落过程中就会产生加速度，这样下雨对我们来说就无异于一场灾难。雨云一般聚集在距离地面 1000 ~ 2000m 的地方，如果没有空气阻力，当雨滴从 2000m 的高度落到地面上时，它的速度应该是

$$v = \sqrt{2gh} = \sqrt{2 \times 9.8 \times 2000} \approx 198 \text{m/s}$$

　　这是一个非常大的速度，手枪子弹的速度也不过如此。虽然雨滴的动能不如铅弹，甚至只有铅弹的 1/10，但是下落速度这么快的雨滴砸在我们身上，一定会非常不舒服。

　　下面我们就来研究一下雨滴落在地面上时的速度大概是多少。首先来解释一下雨滴匀速下落的原因。

　　我们前面说过，物体所受到的空气阻力随物体速度的增大而迅速增大，所以雨滴下落时所受到的空气阻力在整个下落过程中

并不相等。在雨滴最初降落的那个瞬间，下落的速度非常小，这个时候，雨滴所受的空气阻力也非常小，可以忽略不计。接着，雨滴下落的速度开始增加，这时空气阻力也开始迅速增加，但空气阻力依旧小于雨滴所受的重力，所以雨滴仍是加速下落的，只是在此时加速度要比自由落体的加速度小。之后，空气阻力越来越大，加速度也就越来越小，直到某一时刻，加速度变成了零。之后，雨滴就变成了匀速运动。匀速运动时，速度不增加，所以空气的阻力也就不再增加，这样雨滴就一直处于受力平衡状态，保持匀速运动。

　　由此可见，从足够高的位置下落的物体如果受到空气阻力的作用，那么从一定的时刻起，它一定能开始进行匀速运动。只是对于雨滴而言，达到匀速运动的这个时刻比较早。经过测量我们知道，雨滴落到地面时的速度非常小。0.03mg 的雨滴是以 1.7m/s 的速度落到地面的，20mg 的雨滴落到地面时的速度则增加到 7m/s，而对于最大 200mg 的雨滴落地时的速度却只有 8m/s。

　　如图 7 - 11 所示，就是测量雨滴落地时速度的仪器。这种仪器有两个紧紧地装在同一根竖直轴上的圆盘。其中，位于上方的圆

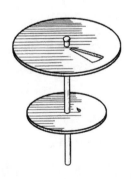

图 7 - 11　测量雨滴速度的仪器

盘上有一条狭窄的扇形缝，位于下方的圆盘上铺着吸墨纸。当测量雨滴速度时，我们只需要用伞遮着把这个仪器放到地上，并让它以较快的速度转动，然后将伞拿开。这时，雨滴会通过上方圆盘的扇形缝落到下方的圆盘上。当雨滴落在下方圆盘上时，由于两个圆盘已经转过一个角度，所以雨滴的落点会稍微偏移一些，而不在扇形缝的正下方。由于我们知道两个圆盘之间的距离以及圆盘转动的速度，也可测量到雨滴落在下方圆盘上的实际位置与从扇形缝正落在下方圆盘上的位置，所以根据这两个位置间的距离很容易就能计算出雨滴下落的速度。例如，当转盘转动的速度为20r/min，两个圆盘之间的距离是40cm，雨滴的落点与扇形缝正下方的位置相比落后了圆周长的1/20，那么雨滴走过两个圆盘之间的距离所花的时间也就是每分钟能转动20转的圆盘转出一周的1/20所需要的时间，也就是

$$\frac{1}{20} \div \frac{20}{60} = 0.15s$$

也就是说，雨滴下落0.4m所用的时间是0.15s。据此，很容易就能求出它下落的速度

$$0.4 \div 0.15 \approx 2.7m/s$$

即雨滴下落的速度约是2.7m/s。利用类似的方法我们还能求出枪弹射出的速度。

这个仪器除了能测量出雨滴的速度之外，还可以测量出雨滴的质量。测量雨滴的质量时，所依据的主要是下方圆盘的吸墨纸上的湿迹的大小。对于每平方厘米吸墨纸所能吸收的水的量我们需要事先测定。

雨滴下落的速度跟它本身的质量存在如下关系。

雨滴质量/mg	0.03	0.05	0.07	0.1	0.25	3	12.4	20
半径/mm	0.2	0.23	0.26	0.29	0.39	0.9	1.4	1.7
下落速度/(m/s)	1.7	2	2.3	2.6	3.3	5.6	6.9	7.1

　　水的密度要大于冰雹的密度，但是冰雹下落的速度要比雨滴大。这是因为物体下落的速度与物体本身的密度并没有太大关系。冰雹下落的速度比雨滴大是因为冰雹的颗粒比较大。但是，即便是颗粒大的冰雹，在接近地面的时候也是匀速下落的。

　　榴霰弹内装有一种直径大约为 1.5cm 的小钢珠，从飞机上投下的小钢珠基本不会伤害到我们，它们甚至连棒球帽都不能击穿。这是因为这些小钢珠在接近地面的时候也是以非常小的速度匀速下落的。但是从同样高度投下的钢箭却有着非常可怕的威力，它甚至能穿透人的身体。这是因为钢箭的截面负载要比小钢珠大得多，也就是说钢箭的每平方厘米截面积上平均得到的质量要比小钢珠大许多，因此钢箭克服空气阻力的能力就比小钢珠强得多。

　　在人造卫星绕地球运行的过程中，由于它总是在无规则地翻转，所以它与运动方向垂直的横截面的面积总是在变化，也就是说，它的截面负载一直在发生变化。只有当人造卫星为球形结构时，截面负载才能一直保持不变。观测球形卫星的运动能够帮助我们研究高空的大气密度。

第八章

天体运行的力学问题

08

天体是复杂的、无限的，至今人们还没有完全弄清它的构造和运行规律，各国科学家正在研究探索之中。人类生存是离不开天体运行的，现就人们生活中常见的一些天体运行现象作些简略介绍，使读者大致了解它的构造和运行的情况，为自己的生活、学习、研究奠定必要的力学和天文学基础。

8.1　先来认识一下地球

　　宋代著名文学家、书画家苏东坡，有一首七言绝句广为流传。原诗是这样的："横看成岭侧成峰，远近高低各不同。不识庐山真面目，只缘身在此山中。"借用这首诗来描写人们对地球的看法也是很适合的。"不识地球真面目，只因身在地球中。"人们从空间站看地球，可以看见地球是一个极大的球体。对于任何一个普通人来说，我们每天能见到的只是地球表面的局部。即使是一座大山，我们身临其中，也无法看清它的全貌，更何况是整个地球呢？任何一座山相对于地球而言，那都是微小的。

　　以前，我们对地球的认识只是平坦的大地和起伏的山峦，很难一眼看出地球是一个球体。我们现在借助人造地球卫星和航天设备才真正直观地拍下了地球的照片（图 8-1），从而看到了地球的"真面目"。

图 8-1　从卫星上看地球

在此之前，生活在地球上的人们，是很难想象出地球的形状的。但是，仍然有善于观察和勤于思考的人，很早就提出大地可能是球形的，并有人证明了地球是球形的。

1. 最先指出地球是圆球的人

最先指出地球是一个圆球的人，是古希腊著名的哲学家和数学家毕达哥拉斯。他出生在爱琴海萨摩斯岛的贵族家庭，年轻时曾在名师门下学习几何学、自然科学和哲学。毕达哥拉斯后来就到意大利的南部传授数学并宣传他的哲学思想，还和他的信徒们组成了一个被叫作"毕达哥拉斯学派"的团体。毕达哥拉斯还是勾股定理（又称商高定理、毕达哥拉斯定理）的首位西方发现者。

图 8 – 2　毕达哥拉斯

古希腊的航海发达，人们经常会在海港遥望出海帆船归来。毕达哥拉斯从归航的船只总是先露出桅杆尖，然后是船帆，最后才是船身，推论得出地球应该是球形的。

在毕达哥拉斯之后，著名的古希腊哲学家亚里士多德也提出了"地球形状的证据"，包括推理和观察两个部分。

　　从推理的角度，亚里士多德说认为，地球必定是球形的。因为地球的每个部分到中心为止都有重量，因此，当一个较小部分被一个较大部分推进时，这较小部分不可能在较大部分周围波动，而是同它紧压和合并在一起，直到它们到达中心为止。要理解这个话的意义，我们必须想象地球处在生成的过程中，就像有些自然哲学家所说的那样。只不过他们认为，向下运动是由外部强制造成的；而我们宁可说，向心运动是因为有重量的物体的本性产生的。

图8-3　亚里士多德

　　如果所有微粒从四面八方向一点（即中心）运动，那么结成的一团在各方面必定是一样的。因为，如果在周围各处加上相等的量，那么极端与中心之间必定是个不变量。这样的形状当然是一个球。

　　这段话的意思是说，地球在形成过程中，以一个中心点为地核，四周的微粒向中心聚集，这个过程的结果一定是形成球体。

这当然只是一个推理，但也几乎猜测到了宇宙中物质在大爆炸后高速飞散的同时，也产生出一些高速自转的团块，最终形成星球的过程。

从观察的角度，亚里士多德认为，如果地球不是球形，那么月食时就不会显示出弓形的暗影，而这弓形的暗影确实存在。观察星星也表明，地球不仅是球形的，而且体积不大，因为我们向南或向北稍微改变我们的位置，就会显著地改变地平圈的圆周，以致我们头上的星星也会大大改变它们的位置。因而，当我们向南或向北移动时，我们看见的星星也不一样。

且不说亚里士多德的推理是否严谨，他关于地球是球形的结论显然是正确的。而这种天象观测，则是古代人类一项长期的工作。人类通过对日、月、星星运行规律的观测，多少已经窥见到了地球的身影。

1519 年—1522 年 9 月，航海探险家麦哲伦的船队经过 3 年航行，绕地球一周回到了他们的出发地西班牙，这才以实际行动真正证明了地球是球形的推断。

人物简介：亚里士多德（公元前 384 年—前 322 年 3 月 7 日），古希腊哲学家，柏拉图的学生、亚历山大大帝的老师。他的著作包含许多方面，包括了逻辑学、形而上学、政治学、伦理学，以及自然哲学。和柏拉图、苏格拉底（柏拉图的老师）一起被誉为"希腊三贤"。亚里士多德的著作是西方哲学的第一个广泛系统，包含道德、美学、逻辑和科学、政治和玄学。

2. 最先测量地球大小的人

埃拉托色尼是古希腊杰出的数学家、天文学家和地理学家，他不仅相信地球是球形，而且利用当时的数学和几何学知识测算出了地球的周长。他在《地球大小的修正》一书中，描述了他对地球大小的测量过程。根据他的测量和计算，地球的周长约为 39690km，这与现代测得的 40075km 极为接近。让他产生这一误差的原因是地球不是一个标准的正球体，而是两极稍扁、赤道略鼓的不规则球体。

关于地球圆周的计算是《地球大小的修正》一书的精华部分。在埃拉托色尼之前，也曾有不少人试图对地球的周长进行测量估算，如攸多克索。但是，他们大多缺乏理论基础，计算结果很不精确。埃拉托色尼天才地将天文学与测地学结合起来，第一个提出设想在夏至日那天，分别在两地同时观察太阳的位置，并根据地面上物体阴影之间的长度差异加以研究分析，从而总结出计算地球圆周的科学方法。这种方法比自攸多克索以来习惯采用的单纯依靠天文学观测来推算的方法要完善和精确得多，因为单纯天文学方法受仪器精度和折射率的影响，往往会产生较大的误差。

图 8-4　埃拉托色尼

　　埃拉托色尼是如何测算出地球周长的呢？道理很简单。他认为，如果地球是圆的，那么太阳照到地面上不同地方与地面垂线的夹角就是不同的。埃及有个叫阿斯旺的小镇（当时叫赛伊尼），那里有一口井，夏至这天的阳光可以直射井底，表明阳光垂直于地面（这一现象闻名已久，吸引着许多旅行者前来观赏这一奇特的景象），太阳在夏至日正好位于天顶，这时在地面插好一根垂直地面的木杆会没有影子。他意识到这可能帮他测出地球的周长，于是他在夏至这天中午在亚历山大港选择了一座很高的方尖塔作为标杆，测量了方尖塔的阴影长度，这样他就可以量出直立的方尖塔和太阳光射线之间的角度。获得了这些数据之后，他运用数学定律，即一条射线穿过两条平行线时，它们的对应角相等，可以知道太阳射到阿斯旺与亚历山大港两地之间对应的两条射线的夹角与亚历山大港方尖塔与太阳光线间的夹角是相等的。埃拉托色尼通过观测得到了这一角度为7°12′，即相当于圆周角360°的1/50。由此表明，这一角度对应的弧长，即从阿斯旺到亚历山大港的距离，应该相当于地球周长的1/50。埃拉托色尼借助于皇家测量员的测地资料，测量得到这两个城市的距离是5000希腊里。测得这个数值以后，用它乘以50即可得地球周长，这样就很容易地得出地球的周长为25万希腊里。

　　为了符合传统的圆周为60等分制，埃拉托色尼将这一数值提高到252000希腊里，以便可被60整除。埃及的1希腊里约为157.5m，换算为现代的公制，地球圆周长约为39690km，这个数值与地球实际周长40075km很相近。

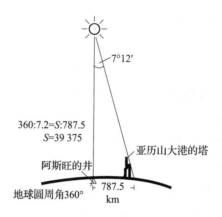

$$360{:}7.2 = S{:}787.5$$
$$S = 39\,375$$

亚历山大港的塔

阿斯旺的井

地球圆周角360°

787.5 km

图 8-5　埃拉托色尼测量地球周长原理

由此可见，埃拉托色尼巧妙地将天文学与测地学结合起来，测量出地球周长的数值。这一测量结果出现在 2000 多年前，的确是非常了不起的。

8.2　地球的自转与公转

我常常想，地球在不停地运转，为什么每个地区的气候基本上都是原来的老模样？为什么不随地球的运转而随时随刻在变化呢？原来宇宙空间是处在真空状态的，地球带着自己的大气层一起在真空中运行，没有"物质"与之产生摩擦，这样地球就永远不会停下来，地球上面的气候也不会随地球运转而随时随刻在变化。

前面讲了，宇宙空间是真空的，地球带着自己的大气层一起在真空中运行，没有"物质"与之产生摩擦，但这不等于地球没有受到力的影响。这里所说的力不单指万有引力。

科学家发现了一些迹象，表明地球实际上不像我们原来所想的那样永远按恒定的速率匀速自转和公转。细心的科学家通过一些间接的证据，发现地球的自转和公转速率并不是完全固定的。这是怎么回事呢？

在海洋中有一种珊瑚虫，它的生长过程和树木的年轮相似。珊瑚虫每天有一个生长层，夏日的生长层宽，冬日的生长层窄。古生物学家通过对珊瑚虫体壁的研究，识别出现代珊瑚虫体壁有365层，正好是一年的天数。但是，距现在3.6万年前的珊瑚虫化石的年轮则为480层，也就是说，3.6万年前的一年是480天。按此进行推算，13亿年前，一年为507天。这说明地球在环绕太阳的公转过程中，其自转的速度正在变慢。

令人困惑的是，科学家同时也发现了相反的证据。

这要从一种叫作"鹦鹉螺"的软体动物说起。鹦鹉螺在古生代几乎遍布全球，但现在基本绝迹了，只是在深海里还存在着一些鹦鹉螺。在这种动物的外壳上，有许多细小的生长线，每隔1昼夜出现1条，满30条就有1层膜包裹起来形成1个气室。每个气室内的生长线数正好是现在1个月的天数。也就是说，这种动物有很好的日历同步性，与前面所说的珊瑚虫有异曲同工之妙。

古生物学家又对不同时代地层中的鹦鹉螺化石进行分析，发现3000万年前，每个气室内有26条生长线；7000万年前为22条；1.8亿年前18条；3.1亿年前为15条；到4.2亿年前就只有9条了。因而，有些科学家认为，地球随着年龄的增加，其自转速度正在加快。

但是，发现这个规律的科学家当时的解读完全不同。

1996 年，《中国剪报》上转载了一篇文章，讲述了鹦鹉螺化石的故事："最近，美国两位地理学家根据对鹦鹉螺化石的研究，提出了一个极为大胆的见解，月亮在离我们远去，它将越来越暗。这两位科学家观察了现存的几种鹦鹉螺，发现贝壳上的波状螺纹具有树木一样的性能。螺纹分许多隔，虽宽窄不

图 8 - 6　鹦鹉螺

同，但每隔上的细小波状长线在 30 条左右，与现代 1 个朔望月（中国农历的 1 个月）的天数相同。观察发现鹦鹉螺的波状生长线每天长 1 条，每月长 1 隔，这种特殊生长现象使两位地理学家得到极大的启发。他们观察了古鹦鹉螺化石，惊奇地发现，古鹦鹉螺的每隔生长线数随着化石年代的上溯而逐渐减少，而相同地质年代的却是固定不变的。研究显示，新生代渐新世的螺壳上，生长线是 26 条；中生代白垩纪是 22 条；中生代侏罗纪是 18 条；古生代石炭纪是 15 条；古生代奥陶纪是 9 条。由此推断，在距今 42000 多万年前的古生代奥陶纪时，月亮绕地球 1 周只有 9 天。地理学家又根据万有引力定律等物理原理，计算了那时月亮和地球之间的距离，得到的结果是，4 亿多年前，距离仅为现在的 43%。科学家对近 3000 年来有记录的月食现象进行了计算研究，结果与上述推理完全吻合，证明月亮正在离开地球远去。"

由于海洋受月球引力影响而产生的潮汐，可能对鹦鹉螺的生长也有影响，因此，鹦鹉螺化石中的生长线与月球有关比较可信，

而不是与地球的自转有关。这样，说地球的自转变快了，也就没有了根据。而说地球以前自转比现在快，则是很有可能的。

8.3 地球转速与时间的关系

提到地球转速，一定要说到时间，因为地球转速是确定时间的基本参照物。以自转 1 圈为 1 天，公转 1 圈为 1 年，由此细分出小时（h）、分钟（min）和秒（s）等。

我们所说的地球转速指的是角速度，并且以单位时间的转数来表示。这样就可以通过测量一转的时间来比较转速的变化。

钟表的发明，使人们可以准确地记录时间。而石英钟的发明，使人们能更准确地测量和记录时间。但是这些时钟用来研究天文学中的计时，还是显得不够精确，现在已经用原子钟来替代格林尼治标准时间，以适应信息化时代对时间计量的新要求。

现代铯原子钟（最普通的类型）可实现的长期精度高于每 100 万年误差 1 秒。氢原子钟的短期（1 周）精度更高，大约是铯原子钟精度的 10 倍。因此，与通过天文学技术进行的时间计量相比，原子钟将这种计量的精度提高了约 100 万倍。

通过原子钟计时观测日地的相对运动，发现在 1 年内地球自转存在着时快时慢的周期性变化：春季自转变慢，秋季加快。

我们知道地球是以 24 小时 1 转为 1 天的时间的，但精确地测量下来，地球自转周期是 23 小时 56 分 4 秒。由于地球自转速度一直在减慢，北京时间 2017 年 1 月 1 日 7 时 59 分 59 秒出现了 1 次闰秒，这是自 1972 年原子钟被指定为国际计时系统以来进行的第 27

次闰秒，50 年来地球已不知不觉地慢了 27 秒。闰秒虽然对老百姓的日常生活影响不是十分明显，但它与以精密时间为尺度进行科学研究、实验和生产的活动关系重大。

科学家经过长期观测认为，引起这种周期性变化的原因与地球上的大气和冰的季节性变化有关。此外，地球内部物质的运动，如重元素下沉、向地心集中，轻元素上浮，岩浆喷发等，都会影响地球的自转速度。

除了地球的自转外，地球的公转也不是匀速圆周运动，这是因为地球公转的轨道是一个椭圆，远日点与近日点相差约 500 万千米。当地球从远日点向近日点运动时，离太阳越近，受太阳引力的作用越强，速度越快。由近日点到远日点时则相反，运行速度减慢。

还有，地球自转轴与公转轨道并不垂直；地轴也并不稳定，而是像一个陀螺在地球轨道面上做圆锥形的旋转运动。地轴的两端并非始终如一地指向天空中的某一个方向，如北极点，而是围绕着这个点不规则地画着圆圈。地轴指向的这种不规则，是地球的运动所造成的。

科学家还发现，地球运动时，地轴在空中画的圆圈并不规整。就是说，地轴不是沿圆周移动，而是在圆周以外做周期性的摆动，摆幅为 9″。地球的这种轴向摆动使地球各部位接受阳光照射的时间也产生波动，这也是地球气候冷暖发生周期性变化的原因之一。

地球的这些运动中的微小波动，是在以太阳引力为主的作用下，与其他几个邻近地球的行星（金星和火星）和月球的相互引力作用下，加上地球自身状态的呼应下，共同形成的。

由此可以看出，地球的公转和自转是许多复杂运动的组合，而不是简单的线速度或角速度变化。地球在这漫长的岁月中，摇摇摆摆地绕太阳运动着，同时也"颤颤巍巍"地自己旋转着，承载着地球上几十亿人的命运，继续在宇宙中旅行。

因为地球除了自转和公转外，还随太阳系一同围绕银河系运动，并随着银河系在宇宙中飞驰。地球在宇宙中持续运动，几十亿年来总体上看似一如既往，实际上却发生着微妙的变化。例如，地球上分子的演化，从无机到有机，从低分子到高分子，从有机高分子到生命，从低级生命到高级生命，从动物到人类，这一运动过程仍在顽强地进行中，不会轻易停止。

还有一个问题，也是人们常常会想到的，那就是地球运动需要消耗能量吗？如果需要消耗能量，这么漫长的时间里，地球所消耗的能量又是从何而来的？如果不需消耗能量，那它是"永动机"吗？

回答是肯定的，地球的运动需要消耗能量。那能量来自何处呢？

地球的运动，只是整个宇宙和天体运动的一部分，这个运动从宇宙大爆炸的那一刻就开始了，并且一直到今天都没有停止，也不可能停止。对于宇宙来说，运动就是一切，静止是相对的，运动是绝对的。但是，要维持无边无际的宇宙中所有天体的持续高速运动，需要多大的能量呢？

早在20世纪30年代，天文学家就发现，为了使宇宙中的星系团保持高速运动，并且不发生崩溃，它们所拥有的质量必须比科学家实际所观测到的质量大得多。为了解释这一现象，天文学家认为宇宙中一定有一种物质，可以向运动中的星系提供能量，只是人们很难发现它。天体物理学家由此提出了暗物质理论。

这个概念超出了我们常识中关于物质的认识，需要发挥一下想象力来理解。

8.4　地球为什么不是正球体而是椭球体？

很多人都曾进入过一个误区，认为地球是一个标准完美的正球体。尽管地球看上去很像正球体，但从严格的几何角度来讲，地球并不是一个正球体。正球体一定具有统一的半径，而地球只是一个赤道略鼓，两极稍扁的椭球体。

图 8-7　地球是个赤道略鼓两极稍扁的椭球体（示意图）

我们知道，地球的半径是随着纬度增加而缩短的。赤道半径是地球上最长的半径，有 6378.2km，而南北极圈的半径只有 6356.8km。由此看来，地球确实是一个椭球体。

地球为什么会是椭球体呢？这要从地球的自转开始说起。地球无时无刻不在进行着自转。当地球自转时，会对地球上的河流、高山产生一个强大的吸引力。在这种吸引力的影响下，水往低处流，大海的海面紧紧贴在地球表面。

然而，如果只有地球自身吸引力的作用，地球应该是一个正球体。而真正决定地球形状的是地球自转时产生的惯性离心力。地球上各部分所产生的惯性离心力是不同的，作用力的大小和距离地轴的远近呈正比关系。距离地轴越远的地方，产生的惯性离心力越大。此外，地球上各点自转角速度越大，产生的惯性离心力也越大。

赤道区域距离地轴比两极远得多，自转角速度也比较大，因此赤道区域所产生的惯性离心力也比两极大。惯性离心力一般都有指向赤道水平方向的力。这样一来，从赤道地区到两极地区，惯性离心力呈递减规律。而且，在惯性离心力作用下，两半球的海水流向惯性离心力最大的赤道附近。这样的直接影响是，两极的海面下降，赤道的海面上升。于是，地球的赤道部分就突出很多，这促使地球成为一个两头扁、中间突出的椭球体。

假如能够随意地从地球内部穿过，那么，你一定会惊奇地发现，地球内部的构造竟然是如此复杂。在地球深处的地核附近，有高温熔融的海洋，地核的温度大概在 $4000 \sim 6800\,℃$。尽管有人不相信，但事实确是如此。

地心温度为什么如此之高呢？这要从地球的内部构造说起（图 8-8）。地球的最外层是地壳，地壳厚薄不一，海洋地壳薄，一般为 $5 \sim 10\,km$；大陆地壳厚，平均厚度为 $39 \sim 41\,km$，有高大山脉的地方地壳会更厚，最厚达 $70\,km$，目前人类能探及的深度也只到地壳部分。在地壳下面，是深厚的地幔，它大约有 $2865\,km$

厚。科学家经过研究认为，地幔中至少有一部分是柔软的，因为在靠近地核一侧与地幔连接的部分是液体熔岩。

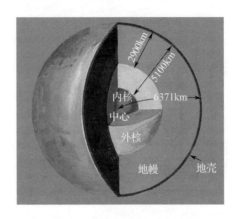

图 8 - 8 地球内部构造示意图

地幔下面是地核，这部分由非常坚硬的物质组成。地核温度极高，约为 4000 ~ 6800℃。这使得地核的外层呈现液态，里面主要是熔融状态的金属物质。而地核附近之所以出现这样的高温，关键就在于以下几个方面。

首先是地球引力因素的影响。所有物体都会受到地球的引力影响，对地球施加压力，地球内部的物质也是如此。在压力作用下，地球内部物质的温度会升高。越往地球内部的位置，形成的压力越大。地核物质在高压下产生大量的热量。

再者是地球内部的放射性元素衰变的作用。早在地球形成时期，地球内部就有大量的天然放射性元素。地球内部的放射性元素会释放粒子，生成热量，熔化了地核物质。

最后就是地壳运动的重要作用。地球内部的地壳活动很是活跃，在地壳活动的过程中，会释放出巨大的能量产生热。地核又分为内核与外核两部分。地球内部越接近地核，温度越高，地球中心点的温度据科学家推测约为6000℃。

8.5　地球真的可以被撬起吗？

大家都知道，古代力学家阿基米德的一句名言："给我一个支点，我就能撬起整个地球。"他在给叙拉古国王希伦的信中又补充道："如果还有另一个地球，我就能踏到它上面把我们这个地球搬动。"

在阿基米德看来，只需将外力施加到长臂上，将短臂作用于物体，就能撬动任何重量的东西，例如他认为用双手去压杠杆就可撬起地球。

图8-9　阿基米德设想用杠杆将地球撬起来

可是他却忽略了一个重要的地方，那就是地球的质量，即使我们有能力找到"另一个地球"做支点，又幸运地做成了一根足够长的杠杆，那么以地球的质量来说，我们究竟要用多长时间才能撬起哪怕只有 1cm 的高度呢？答案是至少要用 30 万亿年！

其实，地球的质量是可测算的，大约为 6×10^{24} kg。

我们知道要想抬起重物，就必须对长力臂施力，让短力臂作用于物体，而这长力臂和短力臂的长度比值应为 1×10^{23}。

因此短力臂每抬高 1cm，长力臂相应的就会在宇宙间画出长约 1×10^{18} km 的弧线。那么我们来算算阿基米德把地球抬高 1cm 需要耗多少时间？首先我们假设他每将 60kg 的重物抬高 1m 用时为 1s，那么他至少得花费 1×10^{21} s，也就是 30 万亿年的时间才能把地球抬高 1cm。

如此这般，阿基米德穷其一生恐怕也无法将地球抬高至我们肉眼所能看到的高度。

8.6　我们为什么感觉不到地球的转动？

地球处于一刻不停的自转状态下。我们知道，地球自西向东转，自转一周的时间大约为 24 小时，也就是我们说的一天。但是你知道吗？这样的旋转并不是一成不变的，地球的自转速度是处于变化之中的。

根据科学家的研究，地球在形成的初期，旋转速度要比现在快得多。据推测，当时地球赤道附近的自转速度大约为 6400km/h，也就相当于一天只有 6 个小时。那时候，月球与地球的距离也比现在近得多。几十亿年来，月球离地球的距离在增加，月球的万有引力作用在地球的海洋上，形成了潮汐现象，海浪波动使地球自转速度减缓。由于这一系列因素的影响，科学家推断，大约每过 100 年，地球上一天的时间将增长半分钟。

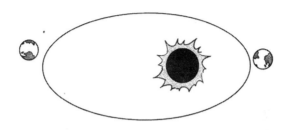

图 8 – 10　地球在转动

地球时刻处于转动中，但是为什么我们一点都感觉不到呢？

如果我们乘船，会很容易感到船在行进，是因为运动速度的原因吗？很明显不是，以地球自转的速度来说，地球在赤道上的速度达到 464m/s，这种转速足以让人大吃一惊，绝不是行船可以比的。

那么为什么我们感觉不到地球的转动呢？原因在于，当我们乘船在水上航行的时候，随时可以看到两岸的景物迅速地向后倒退，于是，我们便可以明确意识到船在向前行进。我们之所以能够感觉到物体的移动，是因为旁边有相对静止的物体当作参照物。相反，如果看不到相对参考系静止的物体，运动又足够平稳，便会觉得自己是静止的，感觉不到自己身处运动之中。

由于我们身边的一切事物都随着地球一同转动，所以它们并不能作为参照物，以帮助我们觉察到地球的转动。严格说来，参照物也不是完全没有，夜空中的星星便是。只不过它们太过于遥远，在一段时间内，我们是看不出它们位置在移动的。这就是我们感觉不到地球转动的原因。

　　不过，我们还是可以从一些地方看出地球是在运动的。比如，每天太阳和月亮的东升西落就是由于地球转动才发生的现象。

8.7　太阳为什么也自转？

　　我们知道，地球要绕着地轴自转，形成白昼与黑夜，还要围绕太阳公转，周期是 365 天多一点。在我们的印象里，被称为恒星的太阳是静止不动的。实际上，这是一个误解，太阳也是运动着的。

　　太阳和地球有着相似的地方，那就是太阳也会自转。并且，天文学家认为太阳会"脉动"，意思就是它的体积会有节奏地膨胀和收缩，大约每 5 分钟振动一次。至于太阳为什么会脉动，虽然原因目前尚不明确，但有科学家推测，这种有规律的膨胀和收缩是由穿过太阳的复杂声波引起的。

　　更有意思的是，太阳会横穿太空，而围绕其旋转的行星也会跟着它在太空中旅行。

　　太阳为什么自转呢？原因和行星自转基本上一样。在 46 亿年前，太阳和地球以及其他行星，由旋转的气体和尘埃云团演变为一个个天体。太阳系自诞生以来就是运动着的。由于太阳实际上是一个气体球，与地球不同，所以它的自转也有其特别的方式。而且，太阳的不同部分可以以不同的角速度旋转。比如，太阳的中间部分与两极部分的自转周期就相差很大。

8.8　太阳系中的行星为什么都在公转？

在太阳系中，所有的行星都在一刻不停地围绕着太阳转动。是什么促使它们不停地做公转运动呢？它们开始公转的起点又在哪里呢？

想要搞清楚这个问题，恐怕要追溯到太阳系开始形成的时期才行。太阳系是大量气体和尘埃在重力的作用下慢慢聚集，进而形成的一个巨大的球体，之后经历爆发而成。具体过程大概就是：尘埃聚集，粒子互相撞击，球体的中心温度越来越高。当温度足够高时，便最终形成了太阳。随着温度的持续升高，太阳达到了一个临界点。于是，太阳变成了"导体"。表面的燃烧导致气体和尘埃脱离了太阳，这些尘埃便是行星最基本的物质结构。

对于行星的公转，有一条运动定律，名叫"角动量守恒定律"。在这里我们可以简单理解为，当旋转物体逐渐变小时，它会旋转得越来越快。这样的例子我们经常见到，电视里的花样滑冰选手环抱双臂紧贴身体时，旋转速度会变得很快。这样的规律同样适用于尘埃和气体，任何正在旋转的物体，当它的体积变小，旋转得都会越来越快。太阳在旋转状态下，周围会形成一个圆盘，行星便来自于这个圆盘。这就可以很好地解释，行星为什么会一直在固定的平面轨道上围着太阳转，并且，来自银河系的每个物体都在公转。

8.9　太阳为什么能使行星按轨道运行?

　　科学家认为，万有引力是世界上最神秘的力。若是没有万有引力的作用，八大行星也许早就散落在宇宙各处了。而且若是没有万有引力使物质之间彼此吸引，行星根本就不会形成。

　　太阳的万有引力是巨大的，控制着太阳系的其他天体沿着圆形轨道围绕着它旋转。试想若没有太阳的引力，这些天体可能会沿着直线运动。

　　不过，万有引力随距离的变化是非常明显的。打个比方，如果将地球距太阳的距离拉远至目前的两倍远，那么，太阳对地球的引力将缩小为原来的1/4。以此类推，如果距太阳足够远，就可以摆脱太阳的吸引。试想一下，如果宇宙的范围超过了天体之间万有引力的作用范围，天体之间将不再受到约束。所以，有理论认为，是万有引力塑造了宇宙。

8.10　太阳与地球的关系是什么?

　　正如我们上面所说，如果没有太阳引力的存在，地球将飞向一个未知的空间，那么这将是多么可怕的现象。假设我们能用一根巨大的绳索拴住太阳和地球，以此来代替这种引力的话，那么我们需要制造200万根直径5km，横截面约有2000万平方米的硕大钢柱，才能承受约2000亿吨的拉力，勉强使得太阳和地球不致完全脱离。

　　这样 200 万根钢柱如果全部插上，那将是一片钢柱的森林。而在这个森林里的每一根钢柱间的间隙只有略大于钢柱的直径，才能相当于太阳和地球间的那个引力。这么大引力却只可以让地球以 3mm/s 的速度偏离运行轨道切线，因此质量大的物体间引力也是很大的，而地球和太阳的这个例子也在引力作用范围之内，这更佐证了地球的质量之大。

8.11　月球为什么离我们越来越远？

　　你知道吗，月球正在慢慢地远离我们，大约每年远离地球3.8cm。几万年之后，地球上的人们看到的月球将比今天的小许多。图 8 - 11 是目前人们探测到的月球表面情况。

图 8 - 11　月球表面情况

　　任何运动的物体都有维持直线运动的趋势，这种性质叫作惯性。所以，做圆周运动的物体总有"逃离"的趋势，也就是脱离圆形轨道向着切线方向笔直地飞出去，这个力就叫作离心力。所以，围着地球旋转的月亮也有远离地球的趋势。但它受到的离心力刚好与地球对它的万有引力相平衡，所以它才能一直都待在轨道上。

目前，月球围绕地球公转一周的时间是 27 天。但是 20 多亿年前，它绕地球转一周仅仅需要 17 天。那时候，月球离地球比现在要近得多。那时的月球，在地球上看起来像是地平线上的一个巨大的圆盘。

随着轨道慢慢变大，年复一年，月球就离我们越来越远了。虽然这个变化是非常微小的，但是日积月累，几百万年以后，月球也许会最终脱离地球的引力场，进入它自己绕太阳转动的轨道。当然，这种情况出现的可能性极其微小。

8.12　土星为什么由光环围绕?

说起土星，给人印象最深刻的一定是它那独特的光环了，这可是太阳系里最壮观的景色之一呢! 1610 年，伽利略第一个观测到了土星环。由于当时的望远镜的局限性，伽利略只是认为土星周围像是有两只耳朵状的物体。直到 1655 年，荷兰一位天文学家在使用更精密的天文望远镜再次观察了土星时，才发现围绕土星的是一个美丽的圆环（图 8 - 12）。

图 8 - 12　土星

土星环闪烁着来自太阳的光芒，显得分外耀眼。这样耀眼的土星环实际上主要是由冰组成。这些大小不一的冰块以 $6 \times 10^4 \, \text{km/h}$ 的速度绕土星旋转。从远处看，它们组成了完整的光环。

那么，土星环是怎样形成的呢？对这个问题的解释可谓众说纷纭，有两种说法的呼声最高。一种观点认为，组成光环的物质是土星的卫星受到撞击后造成爆炸而遗留下来的。另一种观点则认为，某些彗星运动得离土星太近，受土星的引力作用，最终瓦解成为碎片，组成了光环。

天文学家认为，与土星相邻的某些小卫星，如果受到撞击，或者爆炸后形成的碎片很有可能会加入土星环。如果有一天能够采集土星环上的物质进行研究，这一观点便能很好被验证了。

土星虽然特别，但它却不是太阳系中唯一拥有环状结构的行星。木星、天王星、海王星都有不同的环状结构。之所以没有土星那么引人注目，是因为它们的星环比较薄，并且不发光。

8.13 星星为什么掉不下来？

仰望星空，俯瞰大地。在地球上，天空与大地的方位对于我们来说就是"上"与"下"。在我们的意识里，常认为向上运动的东西会掉下来。所以，当我们看见高挂在夜空中的星星，就会忍不住疑惑，为什么它们掉不下来呢？

首先，我们所说的"上""下"实际上并不绝对。物体落到地面上，我们自然认为这是向下的运动。但是，当我们脱离地球这一范围，进入宇宙空间，"上""下"这样的方位词就失去了本来意义。当我们处于在太空里，根本没法说什么方位是上或者下。你一定在电视里看到过，宇宙飞船里的宇航员失去了重力作用，可以在飞船里随意行走。我们可以得出的结论就是，在不受重力影响的情况下，向上或向下没有任何意义。只有当宇宙飞船准备着陆时，飞船才会被拉回重力场。

每颗恒星或者行星都有引力场，太阳系就是靠着这种引力维持着八大行星的正常运转。

大多数恒星都离地球太遥远了，它们与地球之间的万有引力极为微弱。不过，假设有恒星靠近地球，也不会掉到地球上来，地球反而会飞向恒星。因为一般恒星的质量都比地球大得多。

所以，恒星不会坠落在地球上。但是有时确实也有一些石质或者冰质的天体被地球引力吸引到地球上，这就是流星。

8.14　为什么会出现流星?

晴朗的夜晚，夜幕无边，繁星闪烁。突然地，你会看到天边出现一道亮光，紧接着，这道光会快速地在天空划出一道长长的曲线，这就是流星。这昙花一现的身影令人惊叹。

图 8-13　流星

那么，流星究竟是在什么条件下产生的呢？

原来，在靠近地球的宇宙空间中，不仅仅有各种行星，而且有许多不同类型的星际物质。它们大小不一，小的可能似尘埃，大的则有可能像一座山。在宇宙中，它们都有着它们自己所独有的速度和轨道。它们独立运行，互不干扰。这些星际物质也叫作流星体。

这种流星体靠反射别的星体的光线来发光，当它撞向地球的时候，有非常快的运行速度。有多快呢？速度大概介于10km/s到80km/s之间。当流星体以这样高的速度穿过地球大气层时，会和大气发生剧烈摩擦，空气被压缩进而使流星体燃烧。这时候，空气的温度会骤然升高到几千摄氏度甚至几万摄氏度。受这种高温气流的影响，流星体自身气化发光是很自然的。

在大气里燃烧的流星体，不能立刻烧完，之后会在流星体运动过程中继续燃烧，我们所看到的那条弧形的光便是这样形成的。这就是流星现象。

8.15　星际旅行

我相信很多人都看过关于从一个星球飞到另一个星球这样科幻题材的小说，例如儒勒·凡尔纳的《环绕月球》、威尔斯的《月球上的第一批人》等，都是这种题材的代表作。

那么我们不禁要问这样的星际旅行真的只能是幻想吗？那些令人向往的情节都无法成为现实吗？现在我们且不论它是否可实现，我们先来看看人类的第一艘宇宙飞船，这是由苏联科学家谢尔盖·帕夫洛维奇·科罗廖夫和克里姆·阿利耶维奇·克里莫夫所设计的。

今天我们都知道飞机是无法将我们带上月球的，因为飞机的飞行需要空气的支撑，可是在宇宙空间中是没有可供飞机飞行的支撑，因此如果我们想登上月球就只能另寻一种不需要任何介质就能自由行驶的飞行器。

其实这种飞行器和我们生活中的炮仗异曲同工，只是这种"炮仗"更大、里面更宽敞一些而已。这种飞行器要能承载大量燃料，可随意改变运动方向，也就是我们今天熟知的宇宙飞船。宇航员乘坐宇宙飞船可从地球飞到其他星球上，不过由于宇航员要操纵发动机，以此来加大飞船速度，控制飞行方向，因此有着一定的危险性。

科技的发展真的越来越不可思议，似乎不久前我们才开始冒险试飞，今天我们就可以自由飞翔于天空和海洋之间。难以想象，多年后的科技会发展到何种高度，或许那时星际旅行早就是一件司空见惯的事情了吧。

第九章

09

寓言故事中的
力学知识

寓言是文学作品的一种体裁，常带有讽刺和劝诫的性质，假托故事或用拟人手法说明某个道理或教训。"寓"有寄托的意思，最早见于《庄子·杂篇·寓言》，现在流行的寓言有《伊索寓言》《克雷洛夫寓言》等。寓言是人们喜闻乐见的一类文学作品，对人的成长是非常有帮助的。本章选择几篇与力学关系密切的寓言故事加以分析，进一步说明寓言含义的广泛性。

9.1 "司马光砸缸"中的力学问题

司马光是宋朝的史学家,"司马光砸缸"的故事已被选入了小学一年级课本。这是一个众所周知的古代寓言故事,其中的道理十分浅显易懂,但若从力学的角度去分析,却不是一件容易的事,它涉及材料力学脆性断裂问题。

知识加油站:

材料力学是常讲的三大力学(理论力学、材料力学与结构力学)之一。材料力学是一门研究构件的强度、刚度和稳定性的学科。

这个广为流传的故事虽然情节简单,但作为讨论的依据,还是需要引用一下原文的表述。

《宋史·司马光传》中的一段文字被认为是"司马光砸缸"故事的出处。

"司马光,字君实,陕州夏县人也。父池,天章阁待制。光生七岁,凛然如成人,闻讲《左氏春秋》,爱之,退为家人讲,即了其大指。自是手不释书,至不知饥渴寒暑。群儿戏于庭,一儿登瓮,足跌没水中,众皆弃去,光持石击瓮破之,水迸,儿得活。其后京、洛间画以为图。"

图 9-1 是人们根据"司马光砸缸"作的画,为了说明故事的真实性和受力的破坏情况,以下分四个方面进行分析。

图 9 - 1　司马光砸缸

1. 结构因素

首先澄清一点，司马光砸破的是瓮而不是缸，这一点原文写得很清楚。瓮与缸是两种不同的器物。缸是农户家中常见的容器，大多是圆筒状，底部直径略小，缸体厚重，一般放在厨房用于存放饮用水。瓮则是上、下略小，腹部较大呈鼓形的容器。瓮除了沿口部较厚，其余部位壁厚相对较小。缸和瓮两者的高度都略大于 1m。普通的水缸直径约半米，而大号的瓮则粗得多，最大直径接近 1m。司马光家的瓮放在后花园里，虽然也是存水，但估计是用于收集雨水浇灌花草用的。这种瓮装满水后可视为一个压力容器，根据材料力学公式，其最大拉应力 $\sigma = pD/2t$，其中 p 是水的压强，D 是内径，t 是壁厚。显然瓮应力最大、强度最薄弱的点在腹部最大直径处。从图 9 - 1 可见，图的作者正确理解和反映了原文的意境，瓮的外形和被砸的优先破口位置都是正确的。

2. 动载荷因素

"司马光砸缸"中的"砸"是个关键的动词。砸是指用沉重的

东西对准物体撞击。根据力学原理，动载荷作用产生的破坏力会
远大于静力作用。司马光砸破缸并不需要用太大的石头，直径不
小于 10cm 的石头已经足够了。设石头以水平运动速度撞击缸体，
其动荷系数为 $K_d = v/(g\Delta_{st})^{\frac{1}{2}}$。如果司马光是把石头高举过头后砸
下去的，可进行如下的动载荷分析。

设石头重 2kg，举起石头的初始高度为 1.5m，落点高度为
0.5m，落差 $h_o = 1m$。将这一重力势能等效地转换成水平运动速
度，有 $v^2 = 2gh_o$。估计重物以静载荷方式作用于冲击点产生的弹性
静位移小于 1mm，代入表达式后得到的动荷系数将达到近 50 倍的
量级。石头砸缸的冲击力可达 1kN 的量级。一般的大口径陶瓷制
品在如此强烈的撞击下肯定会碎裂。在这个简单分析中，还没有
考虑石头出手时的初速度。

3. 材料因素

缸和瓮都是用陶土做胎烧制而成的，一般内部需上釉面以防
渗水。这种材料的抗拉（或抗弯）强度是很低的。对于直径较大
的瓮，可导致瓮碎裂所需的撞击力并不是很大。我们看到展销大
件瓷器时，有时会因不小心而碰碎了展品，这种展品是高质量的
细瓷器。司马家是世代官宦人家，当时司马光的父亲官至县太令，
既然有宽敞的后花园，那么存水的瓮也可能是细瓷做的高档瓷器。
若果真如此，这个瓮的材质密度大且硬度高，但瓮壁一定很薄，
质地一定很脆，故也易于被砸碎。

原文对砸瓮的过程用"光持石击瓮破之"描述，这说明司马光
不是抛石砸瓮，而是手持石块撞击瓮壁。这种击打方式力度偏小，

是否能达到击破瓮的效果呢？陶瓷是典型的脆性材料，像玻璃一样，对局部缺陷产生的应力集中非常敏感。持石击瓮可能不会一下就砸出大洞来，但尖锐的石头很容易砸出表面伤痕，从而产生裂纹源。而接下来对同一作用点的持续击打易于产生宏观裂纹并迅速扩展，导致疲劳破坏。通常断裂方式是从受力点开始先产生径向裂纹，然后是沿径向裂纹端部形成环向裂纹，最终断裂成一个大致为圆形的洞。只要撞击力不是非常小，经过有限次撞击瓮就会被打破。

4. 人为因素

文献的原文没有对司马光砸瓮过程进行更多的细节描述，但提到有人将此故事画图宣传，可惜无从查找这些图画。即使这些图画存在，也难以作为凭据，因为它们可能仅仅是根据口头相传的故事而作，并不一定是真实情形的写照。既然如此，故事中的情节就可能包含了作者的想象和艺术夸张，即人为因素影响。图 9-1 中所画的司马光身材明显比其他孩子高大一些，砸瓮效果也存在类似的艺术夸张。一块石头砸出的洞如此之大，使得落水儿童随水流涌出，这就不免给人一种错觉，司马光应该是搬起一块巨石砸瓮才能达到如此成功的救人效果。但画毕竟属于艺术品，我们不能按照作为科技论文证据的标准去苛求。

9.2　"曹冲称象"中的启示是什么？

《三国志》载有"曹冲称象"的故事原文，其文曰："邓哀王冲字仓舒。少聪察岐嶷，生五六岁，智意所及，有若成人之智。

时孙权曾致巨象，太祖欲知其斤重，访之群下，咸莫能出其理。冲曰：'置象大船之上，而刻其水痕所至，称物以载之，则校可知矣。'太祖大悦，即施行焉。"

用现代语言可以这么表达这个故事：吴国的孙权送给魏国的曹操一只大象，曹操从来没有见过大象，好奇地想知道大象到底有多重，于是让他的臣子们设法称一称。这头大象太大了，平日里足智多谋的大臣们绞尽脑汁也没有想出一个可行的办法来。就在大家束手无策想要放弃的时候，曹操7岁的儿子曹冲，突然开口说："我知道怎么称了！"按照曹冲的设想，众人把大象赶到一条船上，看船体沉入多少，在船身上刻线做记号。然后把大象赶回岸上，把一筐筐的石头搬到船上，直到船下沉到刚刚刻的那条线上为止。接着，再把船上的石头逐一称过，全部质量加起来就是大象的质量了。

请读者仔细想想，"曹冲称象"体现了什么力学原理呢？

1. 等效代换和叠加原理

从科学的角度来认识"曹冲称象"，确认其科学原理并指出它在科学实践中的指导作用是非常有意义的。实际上，"曹冲称象"是要解决一个力学难题。在当时的技术条件下，用常规的直接称重的办法显然是行不通的，只能采用间接测量的办法才能化不可行为可行。从力学角度看，曹冲所用的方法是在材料力学中常用的等效代换和叠加原理。有人认为"曹冲称象"是阿基米德原理直接应用的实例，这是一种误解，因为曹冲并未计量船体排开水的体积。而等效代换的方法在这里具体体现为静力等效。用一堆石头代替大象，使船达到同样的吃水深度，就是实现了静力等效条件——两个力系的主矢量和主矩相等，其作用效果（使船达到的吃水深度）也相等。先逐次称出每块石头的质量，然后再累计求和得到大象的质量，这是应用了叠加原理。叠加原理需要建立在分量与总量之间满足线性关系的基础之上，实际应用步骤是先将不能直接计量或计算的问题适当地分解为若干个在计量技术上或求解方法上可行的简单问题，完成单独计量或计算，然后再叠加求和，得到最终答案。求解复杂问题优先采用简单的方法是材料力学遵循的一个原则，叠加法就是体现这一原则的典范。

2. 现代版的"曹冲称象"

虽然曹冲称象的方法在当时是很先进的，但毕竟效率低且误差较大。有没有更精确和有效的方法呢？在现代人看来，当然有。

1）直接法称重。据《杭州日报》报道，2001 年 6 月 22 日，杭州动物园上演了一幕现代版曹冲称象，一位周姓中学物理老师当众表演了给大象称重的全过程。称象现场就设在大象馆旁的空地上。一台吊车、一个特制的 $10m^2$ 铁笼、一根 10m 长的槽钢，作为称象的辅助工具。一个从计量部门借来的量程为 30kg 的弹簧测力计作为专门的测量工具。依靠香蕉引路，一头 10 岁的公象宾律迈着沉重的脚步，缓缓踱进铁笼。作为秤杆的槽钢挂在起重机的吊索上，作为秤砣的测力计与作为秤盘的铁笼分挂两边，距起吊点距离分别为 6m 和 5cm。当周老师竖直向下拉动测力计时，起重机缓缓地提升，抬起装有大象的笼子使其离地几厘米。周老师奋力向下拉动测力计，终于使秤杆达到了平衡位置，此时测力计示数为 250N。根据力矩平衡条件，计算出大象和铁笼总质量为 3t，去掉铁笼质量 0.6t，得到大象质量约为 2.4t。据说这一数字与驯兽师提供的宾律的实际体重相差无几。

应该说这次称象采用了直接法，测力计和吊车等工具的使用体现了技术上的进步，杠杆比达到了 120 倍，使得当年曹操大臣的称象设想成为现实。然而，这个称重方法并不高效。即便在正式称重前做了很多准备，当天依旧花了 7 个多小时才完成测量。至于称象的精度，可以相信测力计的读数，但上述力矩平衡计算中并未考虑作为秤杆的槽钢质量的影响，这会造成低估的结果，该误差不应该被我们忽略。

2）叠加法称重。2006 年 1 月 25 日，家住深圳龙岗区的发明爱好者王东儒参加了中央电视台《异想天开》栏目举办的用弹簧秤称大象比赛，因测量结果最接近大象的实际质量，最终夺得了比赛的大奖。

据介绍，当时有清华大学的两个队、昆明理工大学队、网友队等共 10 个队参赛。经过两天比赛，由王东儒一家三口组成的深圳队采用的分力装置组合方法，得出的结果最接近大象的实际质量 2.1t，获得了第一名。虽然清华大学等几所高校教授的称象原理分析得头头是道，但结果与实际质量却相差半吨以上。

"我的方式很简单，"王东儒说，"先让大象的一只前脚踩在自制的秤盘上，再让一只后脚去踩（图 9 - 2）。前后脚质量相加，就是大象体重的一半，乘 2 就得出大象的质量。"当时大象一只前脚踩上秤盘后，弹簧秤得出的数值为 3kg，一只后脚数值为 3.5kg。"3 加 3.5 乘 2，翻 160 倍就是大象的质量。象的质量是 2.08t"。

图 9 - 2　王东儒称象比赛现场情景

　　王东儒的方法聪明之处在于充分利用了叠加原理。称重分两次进行，每次测量一只象脚的压力，再利用对称性翻番得到四只脚的全部压力。虽然报道中没有解释翻 160 倍是怎么回事，我们还是可以想到这是测量的杠杆比，估计弹簧秤的量程是 5kg，测量的两个读数分别为最大量程的 60% 和 70%，这一杠杆比取值有利于提高测量精度，避免增加测量误差，因为通常的测量误差主要发生在量程的 20% 以下和 80% 以上的范围内。

3. 动态力的测量

　　继续引申一下，采用等效代换方法能否测到动态力的大小呢？下面给出一个在给定条件下测量的案例。

　　1997 年全国初中物理竞赛复赛试题第五题是"小刚利用一台测体重的台秤、一张纸、一盆水就粗略地测出了排球击在地面上时对地面作用力的大小，你能说出他是怎样做的吗？"从考场巡查情况来看，这是一道看似简单，然而是拉开档次的难题。绝大多数参赛学生无从下手，就连在考场上参加监考的几位物理教师也直摇头。比赛之后一位教师与本赛区唯一答对该题的学生之间发生了下列对话。

师：考场上，我看只有你一个人动笔做第五题，你做这道题顺利吗？

生：不太顺利，我至少花了30分钟。

师：你是怎样思考这道题的？

生：开始时一点思路都没有，总觉得似乎条件不够，又不知道题目中所给的纸有什么用处。

师：后来你又是如何找到突破口的呢？

生：我突然想到了曹冲称象。

师：曹冲称象与这道题风马牛不相及，怎么会帮上你的忙？

生：您曾经给我们讲过，曹冲称象是间接测量的好办法，是值得借鉴的。我想这道题直接测量走不通，因此就想到间接测量。

师：原来是这样，你把解答这道题的方法说说，我看是否可行。

生：好的。第一，把纸铺在水平地面上，再将放在盛有水的盆里弄湿后的排球由上而下竖直拍击在纸上（只拍击一次），排球就在纸上留下一圆形水印；第二，将留有圆形水印的纸平铺在台秤上且让有水印的一面向上，然后将排球放在纸上的水印中心并用手握住排球上部用力缓慢向下压，这时排球与纸接触的部分将发生形变逐渐遮盖纸上的水印，记下水印刚好被排球遮盖时台秤的读数，

　　　　这一读数表示的力的大小就等于排球击在地面上时对地
　　　　面的作用力大小。

师：非常漂亮，你这真是"山重水复疑无路，柳暗花明又
　　一村"。

　　关于上述测量方案的分析如下。

　　上面的对话已对题目的解答表述得十分清楚了。有人可能会提出这样的问题：台秤能够测量静态的压力，能不能直接测量动态的？如果把排球直接拍在台秤上，台秤显示的读数与排球击打在地面上的压力是否一样呢？

　　从表面上看，这样的测量没有用上一盆水和一张纸的给定条件，但这还不是问题的关键所在。应当从测量原理上考虑，找出两种方案的差别。按照材料力学自由落体冲击的动荷理论，其动荷系数可表达为

$$K_d = 1 + \sqrt{1 + \frac{2h}{\Delta_{st}}} \tag{9.1}$$

式中，h 是自由下落高度，Δ_{st} 是冲击点处的静位移。上例中排球不是自由落体，而是从某一高度 h 处击打落地，因此需考虑排球在初始位置时有一个初速度 v。按照机械能守恒原理，可将初始时刻排球的动能等效地转化为重力势能，即折算成一个相当高度 h_0。可得 $h_0 = \frac{v^2}{2g}$，代入式（9.1）后，得

$$K_d = 1 + \sqrt{1 + \frac{2h + v^2/g}{\Delta_{st}}} \tag{9.2}$$

　　如果排球的自重是 P，那么理论上讲排球击打在地面上的压力

是 $K_\mathrm{d}P$。这个表达式可以用来对测量值进行校核。

这个竞赛题是模拟实践题，但是分析时需要用到理论依据，这主要体现在上述两式中的静位移 Δ_{st} 上面。如果排球直接拍在台秤上，相应的静位移不仅仅是排球本身的弹性变形，还包括台秤的台面由于内部弹性元件承受排球重力时发生变形而降低的位移量。这表明把排球直接拍在台秤上时台秤显示的读数与排球击打在地面上的压力是不一样的。如果从能量的角度来解释，排球击打硬地面时（假定为刚性的），可以认为其初始动能和重力势能全部转化为排球的弹性势能，冲击力较大；排球击打在台秤上时，台秤的弹性变形会吸收一部分能量，因此此时冲击力会偏小。根据弹性变形的性质，排球与撞击平面相接触的范围只取决于作用力的大小，而与作用方式无关。这一分析证明了那位考生解答的正确性。

温馨提示：三国时代，在技术上不能实现对大象的直接称重，曹冲称象法无疑是一个先进的方法。曹冲称象的力学实质是利用了静力效应的等效变换和叠加原理。曹冲称象给我们的直接启示是寻找一个实际可行的办法成功地实现间接测量。从创新思维和方法论的角度来看，解决难题需要破除已有的思维定式，另辟蹊径，总会找到有效的替代方法。"山重水复疑无路，柳暗花明又一村"是创新境界的真实写照。

9.3 梭子鱼、虾和天鹅拉货车

克雷洛夫有一则寓言故事是关于梭子鱼、虾和天鹅拉货车的，其故事为：有一天，梭子鱼、虾和天鹅一同去拉一辆装满了货物的大车。它们拼命地拽，个个挣得脸红脖子粗，可是它们无论怎样拖呀，推呀，拉呀，大车还是待在老地方，不肯挪动一步。其实并不是大车重得动不了，而是另有缘故。天鹅使劲往天上飞，小虾弓腰往后退，梭子鱼却步步想往河里去，究竟谁对谁不对，我不知道，我也不想深究。我只知道，那辆货车至今还停留在老地方。

温馨提示：这则寓言故事说明，合伙干事业的人心不齐办事就一定不顺利，事业就不会成功，一切努力都会白费。

这则寓言故事如果用力学观点来分析，其实是一个有关力学作用力合成的问题。在寓言中，有三种力的存在，它们的方向分别是：天鹅朝天上拉，虾向后拽，梭子鱼则往水里拖。

其实在这个故事中，除了如图 9-3 所示的三种力，天鹅朝天上拉的力（OA），虾向后拽的力（OC），以及梭子鱼往水里拖的力（OB）以外，还有一个时刻存在容易被忽略的重力，这股力永远竖直向下，四个力互相作用，互相抵消，最终合力为零，也就使得故事的结果是车子静止不动。

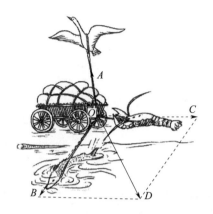

图9-3　梭子鱼、虾和天鹅合力将货车拉下河示意图

　　可是事实真的是这样吗？我们且来细细分析。天鹅向上的拉力和货车的重力恰好是一对相反的力，本来书中就告诉我们货车很轻，也就是质量很小，这样两个力相互作用就会减小甚至抵消，为了计算方便，我们暂且认定这两个力互相抵消了。这样就只剩下虾和梭子鱼的两个力。通过寓言我们知道，虾的力是向后的，而梭子鱼的力是向水里的，毋庸置疑，河流必然是在货车的侧面，这样就会使得虾和梭子鱼的力之间并不相对，而是产生了一个夹角，而两个有夹角的力相互作用，是无论如何不会完全抵消的，这也就是说其实这四个力的合力是无法为零的。

　　现在，我们以 OB 和 OC 两个力为边做一个平行四边形，那么对角线就是它们的合力，这个合力最终会导致货车发生位移，至于具体位移的方向就要由四个力的最终作用来决定了。

　　据上，我们了解到四个力的合力不为零，也就是说货车不会静止不动，这与寓言中的描述相反，那么唯一的可能就是天鹅向上的拉力和货车重力之间不能相互抵消，那么就默认货车的重力很大，即货车的质量大，可是这又与"大车并不是重得动不了"不符。

因此，我们可以得出结论，这则寓言从力学上分析是不合理的，可是其思想意义还是很深刻的。

9.4　蚂蚁的"合作精神"

我们已经分析了上则克雷洛夫的寓言，从力学上说明这则寓言是不成立的，可是作者是借此向我们阐释一个道理，即大家要同心协力才能成就事业。

因此克雷洛夫最为推崇蚂蚁，因为在他看来蚂蚁是最具合作精神的动物，可事实上蚂蚁在合作的外表下，是各行其是的典范。

一位生物学家曾向我们提供了一个有关蚂蚁不合作的例子。图9–4为25只蚂蚁拖拉一块长方形奶酪的示意图。从图中我们可以看出奶酪正缓缓地朝着箭头 A 所指方向移动。从现象上看蚂蚁们似乎已经互相合作，前面拉、后面推，可是事实上却不是这样。

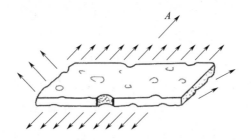

图9–4　一群蚂蚁将奶酪沿箭头 A 的方向拖动

我们只需将后排的蚂蚁隔开，就能很清楚地看到奶酪移动的速度明显加快了。换句话说，其实后排的蚂蚁一直在阻挠奶酪的前进，奶酪之所以会向前移动，是因为前排蚂蚁的数量足够多，力量足够大。这何尝不是一种资源的浪费呢？

　　这种现象马克·吐温也发现了，他曾叙述过一个关于两只蚂蚁抢蚂蚱腿的故事：两只蚂蚁分别咬住蚂蚱腿的两端，各自向不同的方向使劲，结果蚂蚱腿纹丝不动，于是它们互相争执，然后又和好，接着继续分别使劲，再争吵……它们周而复始地重复着这样的步骤，最终一只蚂蚁受伤了，于是它索性吊在蚂蚱腿上，而另一只没有受伤的蚂蚁就连着同伴和猎物一起拖走了。

　　此后，马克·吐温还曾诙谐地说："草率认定蚂蚁是合作者的科学家是不负责任的。"

9.5　"团结就是力量"的力学分析

　　"团结就是力量，这力量是铁，这力量是钢，比铁还硬，比钢还强……"我想大家对这些歌词都很熟悉，它就是《团结就是力量》这首歌里的部分歌词。歌词形象地描述了团结的力量。铁和钢的硬度和强度是可测的，但人团结的力量是不可测的，这只是一个形象的比喻而已。

　　中国老话常说："人多力量大"，"众人拾柴火焰高"，这体现了人多势众带来的力量积聚效应。然而，准确地说，团结并非是指人多力量大，因为人多并不一定力量大。"一个和尚挑水吃，两个和尚抬水吃，三个和尚没水吃"，说明力量和办事效果并非与人数成正比，还存在同心与离心的区别。"打虎亲兄弟，上阵父子兵"归纳了团结必须具备的两个要素：信任和协力。这里所说的力量其实包含了人为因素和精神因素，从这个角度看，团结的力量是难以被准确衡量的，它只是社会学的一个形象比喻罢了。

团结的力量到底有多大？有人认为也许根本不能度量，但如果排除人为因素和精神因素，就有不同的结论了。"一个篱笆三个桩"，篱笆上的三个桩可以互相支撑，提高承受外力的能力，可以说是体现了团结的力量，这种能力的增强是可以被测量到的。可是，篱笆是一种平面结构，适合用于承受面内载荷，如果一个桩受到离面方向的外力，另外的两个桩就难以有效地发挥它们的助力作用了。

上面谈的是结构力学观点，现让我们把目光移到材料力学，以杆件的组合截面问题为例进行分析。

古代寓言中的"七根筷子"最能恰当地体现团结的力量。有一个老人，他有7个儿子，儿子之间的关系很不和睦，这使老人十分忧虑。临终前，老人把7个儿子叫到床前，给了他们每人一根筷子，让他们把筷子折断。7个儿子都很轻松地做到了。老人又拿出7根筷子，将它们合成一捆，并用绳子绑紧，然后依次让儿子们试着去折断，可是这次没有一个人能做到。虽然没有明言，但儿子们还是由此领悟了老人的心愿：希望儿子们从今以后团结在一起，有了强大的力量就不会被别人欺负了。

寓言的道理是显而易见的，可是有一个问题却很少有人思考过，那就是折断七根筷子所用的力量是折断一根筷子的多少倍。这也就是本节讨论的主题：团结的力量到底有多大？从什么角度和途径可以评价和定量地分析出团结的力量？下面让我们借助材料力学的理论做个概括的、形象的计算说明吧。

在此用一根直径为 d 的圆截面杆（图 9 – 5a）代表一根筷子。截面对其形心轴 x 的惯性矩为 $I_{xo} = \dfrac{\pi d^4}{64}$，代表此截面抵抗弯曲变形的能力；截面的抗弯截面模量为 $W_{xo} = \dfrac{\pi d^3}{32}$，代表截面抵抗弯曲破坏的能力。如果用 7 根相同的圆杆组成图 9 – 5b 所示的组合截面，代表捆紧的一束筷子，按照组合截面几何性质的分析方法（平行移轴公式）可以得到组合截面的惯性矩 I_x 和抗弯截面模量 W_x，分别为 $I_x = \dfrac{55\pi d^4}{64}$，$W_x = \dfrac{55\pi d^3}{48\sqrt{3}}$。折断筷子所需的外力是危险截面上的最大弯矩，它等于抗弯截面模量与弯曲强度的乘积。如果筷子的弯曲强度是个常数，那么折断筷子所需的外力与抗弯截面模量成正比。计算可得到 $\dfrac{W_x}{W_{xo}} \approx 21.2$。需要说明以上计算只是理论上的一个极限分析，即假定筷子捆得很紧形成一个组合截面，能够按整体那样共同承受弯曲。

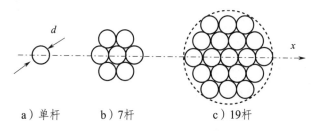

　　　a）单杆　　　　　b）7 杆　　　　　　c）19 杆

图 9 – 5　组合截面示意图

如果捆得不紧而稍有松懈，截面的抗弯能力就会大打折扣。如果筷子束完全不加捆绑，即团而不结，是一个松散结构，那么这个筷子束相当于一个叠合梁。忽略摩擦效应时叠合梁承受的总弯矩由每根筷子平均分担，其总的抗弯能力仅是单根筷子的 7 倍。

依据上述计算可以得出如下结论：在"七根筷子"的案例中，7 倍的力量只代表群体的力量，21 倍的力量才是"团结的力量"。紧密"团结"的群体产生的力量不是 1 + 1 = 2 的关系，而是具有显著得多的力量倍增效应。如果排除掉因筷子数量增加产生的力量增量，七根筷子"团结"产生的净效应就是那多出来的 14 倍力量。

现在再考虑图 9 – 5c 所示的组合截面杆，它由 19 根相同的圆杆组成。通过相似的计算不难得到 $I_x = \dfrac{403\pi d^4}{64}$，$W_x = \dfrac{403\pi d^3}{75\sqrt{3}}$。由此得到 19 根圆杆"团结一致"产生的力量是个体力量的 $\dfrac{W_x}{W_{xo}} \approx 99.3$ 倍，远远大于 19 倍。

比较图 9 – 5b、图 9 – 5c 两个组合截面的抗弯能力增量，不难归纳出如下结论：组成整体的成员数量越多，团结显示的力量倍增的效应就越显著。

应该指出，"团结的力量倍增效应"与杆件的受力方式有关。上述分析是基于弯曲受力做出的，并非一个普遍规律。如果组合截面承受的载荷是轴向压力，就需要重新做出计算分析。

从社会上讲也是如此，同样多的人，进行不同形式的组合，其力也是不同的，故政府及各种组织的职能，就是根据社会及生产的需要，组成各式各样的组织团体，充分发挥每个人的积极力量，有效地为人类创造更多的财富。

我们假定图 9-5a 所示的圆截面杆是细长杆，其受压失稳的临界力可用欧拉公式分析，这个临界力与截面对其形心轴 x 的惯性矩 I_{xo} 成正比关系。再假定组合截面杆的杆端约束条件与单杆截面相同，并且仍然属于细长杆。那么，组合截面杆受压失稳的临界力与截面对其形心轴 x 的惯性矩 I_x 成正比关系。两个临界力之间的比值为 $\dfrac{I_x}{I_{xo}}$。对于 7 杆组合截面，这个比值等于 55 倍，对于 19 杆组合截面该比值等于 403 倍。这两个比值分别代表了考虑稳定性条件下所显示的"团结的力量"。不算不知道，一算吓一跳。若依照日常生活经验，人们很难想到紧密"团结"能够产生的力量倍增效应是什么样的。

图 9-5 中的两个组合截面存在一个共同点，即截面存在多条对称轴。组合截面外形看起来很像一个圆，这样的截面满足一个几何特性：截面对通过其形心的任意一轴的惯性矩都等于同一常数。这种特性的优点是杆件在受压稳定性方面不存在薄弱的方向。取一个反例，设想 7 杆截面重新组合成双排布置，每排各含 3 根和 4 根杆件，并形成一个整体，即结而不团的情况。假设所有其他的条件都不变，计算分析一定会得出其稳定性会大打折扣的结论来。如果再扩展到人文的层面来看，应有相似的结论：一个有战斗力的集体，需要有个坚强有力的领导核心，善于发挥凝聚力；其他成员应当具有向心力，团结在核心周围。整个群体同心同德，协力共进。这样的集体会有强大的力量。

有人或许会问，既然"团结的力量倍增效应"与杆件的受力方式有关，那么在轴向拉伸的情况下，还会存在因"团结"而产生的力量增量吗？这确实是一个值得思考的问题。因为按照材料力学假定轴向拉伸时横截面上的应力是均匀分布的，与截面的形状无关，似乎组合截面的抗拉能力仅仅取决于参加组合的个体成员的数量。按照理想条件下的假定来说情况确实如此。其实我们只需考虑一下非理想条件下的情况，就会认识到增强"团结"的必要性。轴向拉伸时，实际的缆索（多杆组合截面）往往是一个静不定结构。组成截面的每一个单元并非是完全相同的。当某一个单元，如一股绳的长度略短，它就会首先受到拉力并可能在极限条件下成为破坏的起始点。另外，如果一根缆索长度越大，存在内部缺陷的可能性就会越大，对于旧的缆索内部损伤缺陷是不可避免的。为了弥补这种缺陷，粗大的缆索往往做成多股多层，每一股又由多根钢丝或其他纤维经过绞结而成，就像是搓成的麻绳。如此一来，缆索的每一组成部分都能被彼此扭靠、缠结在一起，拧成一股绳，劲往一处使。这样就能克服个体的缺陷，发挥出"团结"的优势来。

总之，"团结的力量"是个社会学的概念，不可能用科学的方法直接给出定量的评价。"七根筷子"的寓言使人直接体验到了团结的真实力量，这种比喻的手段直观、生动，体现了寓言的魅力。利用材料力学中组合截面杆件的承载力分析原理，建立力学模型，定量给出了"团结"产生的力量倍增效应，使人进一步体会到个体、集体，以及不同程度团结的整体的承载力差别，这一分析体现了材料力学的魅力。

编后记

一、写书的依据与意义

力学是一门基础学科，也是一门技术学科，几乎是所有工科学科的知识基础，但它的理论较为抽象，难教难学。在某种程度上，力学影响着广大青少年学习科学技术的步伐。《中华人民共和国科学技术普及法》第十五条指出："科学技术工作者和教师应当发挥自身优势和专长，积极参与和支持科普活动。"本人是一位资深力学教师和教育管理者，深知力学在学习工科学科和科技发展中的作用，多年研究力学怎样教怎样学的问题，在报刊上也发表过几篇论文，如《损伤力学的泛系医学分析》登在《科学美国人》上；《试论高等职业教育力学课程中替代力投影的可能性和必要性》登在《东南大学学报》上，且被评为金奖。另外，本人在编写力学教材和教辅中也积累了大量力学科普资料，几年前就决心写一本《力学之美：生活中无处不在的力效应》的力学科普读物，以诠释力学难教难学的问题，并用来提高广大青少年学习力学的兴趣和学习能力。这符合《中华人民共和国科学技术普及法》说的，科普应当采取公众易于理解、接受、参与的方式；也符合国家实施的科教兴国战略和可持续发展战略。

二、本书写作体会

本人一生都在学校工作，一直从事教育事业，不但教书育人，也在育自己。自己养成了读书习惯，不管什么时候、什么场合，只要有条件就会如饥似渴地看各种书报杂志，且细心记录自己认为有用的资料，一旦有了心得体会，总想把自己掌握的有用知识，尽力传给后人，不传总觉得心里不舒服。现在我退休了，不能上讲堂讲课了，怎么办呢？想来想去，我认为有两方面工作可以尝试，一方面义务为社会服务，随时随地做点力所能及的教育工作；另一方面是写作，将自己一生积累的知识用文字表达出来，编成书或写成文章发表，供人传阅。本人退休后出版了二十多本大专与本科的力学教材和教辅，这些书能在社会上流传，我心里十分满足。近几年本人学着写科普书，也取得了一点成绩，如2019年由中国国际文化出版社出版了两本科普书，一是《衣食住行宝典》，二是《当今人类生存之境》，不但出版了纸质书还出版了电子书和音频资料，现正在喜马拉雅网站全天播放；2020年中国国际文化出版社又批准出版《人类起源与疯狂进化》科普书，已交稿。

本人退休后也受到社会好评，一次被评为"四川建院优秀科技工作者"，两次被评为"四川关心下一代先进工作者"。

这本《力学之美：生活中无处不在的力效应》，是我花费一年多的时间，在总结上述三本科普书编写经验的基础上写成的。这本书主要讲述生活中有趣的科学问题，是用力学原理解释生活现象，是力学知识在生活中的具体应用。书中涉及的力学知识很广泛，且有些力学知识不少人没有学过，但只要结合实际，在实际生活情境中学习，理解起来一般不会很困难。再说，如果读一本书不用任何思考，一看就懂，那读这种书有什么意思呢？在我看来，真正适合自己的好书应该是看起来不大费劲，遇到大部分问题若认真思考一下，基本上能够弄懂，就算一时弄不清，经过后续再次认真阅读，看看"知识加油站"，查查有关科普书也就解决了。这才是适合自己学习的好书。

本书就是属于这种耐人寻味，将讲述、浅说、趣谈三种文体融于一本的力学科普读物。

讲述是科普创作中最常用的一种文体，它通过通俗的讲解和叙述，来介绍某种科学知识或应用技术。浅说这种文体一般保持了原有的科学体系，但回避了复杂的数学公式和深奥的专有名词、定理等，用简明、流畅、生动的语言，通俗地介绍某种科学知识和技术。趣谈在浅说文体的基础上，以引人入胜的故事，生活中常见的现象，以及谚语、成语、诗词等着手引入正题，力求做到深入浅出地介绍某些科学知识。趣谈常常使用一些生活的、历史的、文学的故事，或富有哲理的寓言来吸引读者。趣谈通过旁征博引、涉古论今、谈天说地的方法，既给人以知识，又给人以乐趣。大家都知道，兴趣和乐趣是人们自觉学习知识的原动力，只要人们对某门科学产生了兴趣，并从中体会到乐趣，那么就会无师自通。这种例子不胜枚举。

凡是喜欢读书的人，大概都有这样的体会，在阅读某一主题的科普作品时，总要带着生产、生活中碰到的许多问题进行阅读，当读到自己生活中遇到的问题且又不会解释时，若书上正好讲到这一问题，就会立刻产生浓厚的学习兴趣，求知欲也会变得强烈。在这种求知欲极高的情况下，学习涉及的力学知识或其他相关知识，理解力会大幅度提高，学习效果也就十分明显了。人们常说，力学抽象、难懂、难教，其实只是教学方法和学习方法不恰当罢了。力学和其他科学都来源于生产、生活实践，而现在是通过生产、生活中的有趣故事来讲授力学，知识当然会变得好懂易学了。再说，这本书所涉及的力学和其他科学知识，大部分在初高中物理及有关力学中学过了，在本书中只讲其应用而已。书中另设"知识加油站""温馨提示"等栏目，读者只要具有初中以上的知识水平，大部分内容都是可以读懂的。

书是写给广大人民看的，有青年人，也有老年人；有文化知识水平高的人，也有文化知识水平低的人；有阅历深的人，也有阅历浅的人……书的内容不可能适合每个人，只要适合大部分人就行了。

再次提醒的是，书中所有科学知识几乎都有解释，只是分散在各处而已，要弄懂这些问题，就要翻看全书。读者可以在阅读过程中将不懂的问题记下，当书读完了，不懂的问题也就迎刃而解了。

本人退休了，现在编书一不求名，二不谋利，主要是将自己所学回报社会，使自己生活充实、身体健康、精神愉快、摆脱寂寞，日子也好过一点。本书在编写过程中参考了不少资料，已在书后列出所参考文章的出处及作者的姓名。因部分参考资料是多年之前的，若所列参考文献有错误或遗漏之处，还请各位作者体谅。

最后预祝读者们，通过本书的学习，真正学到一些有用的生活科学知识与生产技能，改变自己的一些生活理念，提升自己的生活质量，尽力改善自己的人生道路。

由于水平有限，文中错误之处在所难免，望读者不吝批评指正。

主要参考文献

[1] 丁光宏，王盛章. 力学与现代生活 [M]. 上海：复旦大学出版社，2008.

[2] 刘仁志. 少年科技广角镜·无处不在的力 [M]. 北京：金盾出版社，2014.

[3] 武际可. 拉家常说力学 [M]. 北京：高等教育出版社，2008.

[4] 李锋. 材料力学案例：教学与学习参考 [M]. 北京：科学出版社，2011.

[5] 别莱利曼. 趣味几何学 [M]. 北京：中国青年出版社，2008.

[6] 别莱利曼. 趣味力学 [M]. 哈尔滨：哈尔滨出版社，2012.

[7] 别莱利曼. 趣味科学 [M]. 北京：中国华侨出版社，2014.

[8] 李杰卿. 不可不知的世界 5000 年神奇现象 [M]. 武汉：武汉出版社，2010.

[9] 美狄亚. 神奇的惊天巧合 [M]. 北京：北京工业大学出版社，2017.

[10] 波拉克. 水的答案知多少 [M]. 北京：化学工业出版社，2015.

[11] 罗卡尔，夏瓦沙. 太阳系的历史是什么 [M]. 上海：上海科学技术文献出版社，2017.

[12] 吴明军，王长连. 土木工程力学第 3 版 [M]. 北京：机械工业出版社，2018.

[13] 王长连，廖望. 衣食住行宝典 [M]. 香港：中国国际文化出版社，2019.

[14] 王长连，王蓉. 当今人类生存之境 [M]. 香港：中国国际文化出版社，2019.

[15] 中一. 航天知识一本通 [M]. 北京：企业管理出版社，2013.

[16] 贝列里门. 物理的妙趣 [M]. 北京：北京燕山出版社，2007.